高等职业教育"十五五"系列教材 机电类专业

U0653223

PLC应用技术项目化教程

主　编　杨阿弟　佘明辉　望　超

副主编　陈辉煌

参　编　欧海宁　林　航　邱兴阳

　　　　陈建洪　杨爱民　刘志斌

南京大学出版社

内容摘要

本书共有八个项目,主要内容包括系统组态及参数设置、交通灯模拟模块、天塔之光模拟模块、自动送料装车模拟模块、电机正反转模拟模块、七段码模拟模块、水塔水位多种液体混合模拟模块、自动售货机模拟模块。

为了便于教学,本书配套有电子教案、助教课件、教学视频、微课、课后练习与思考以及参考答案等教学资源,索取资料的方法为扫码或登录提供的网址。

图书在版编目(CIP)数据

PLC 应用技术项目化教程 / 杨阿弟,佘明辉,望超主编.--南京:南京大学出版社,2025.9. -- ISBN 978-7-305-29424-2

Ⅰ. TM571.61

中国国家版本馆 CIP 数据核字第 2025A8L540 号

出版发行　南京大学出版社
社　　址　南京市汉口路 22 号　　　邮　　编　210093
书　　名　**PLC 应用技术项目化教程**
　　　　　PLC YINGYONG JISHU XIANGMUHUA JIAOCHENG
主　　编　杨阿弟　佘明辉　望　超
责任编辑　吕家慧　　　　　　　　编辑热线　025 - 83592655
照　　排　南京开卷文化传媒有限公司
印　　刷　丹阳兴华印务有限公司
开　　本　787 mm×1092 mm　1/16 开　印张 9　字数 219 千
版　　次　2025 年 9 月第 1 版
印　　次　2025 年 9 月第 1 次印刷
ISBN 978 - 7 - 305 - 29424 - 2
定　　价　35.00 元

网　　址:http://www.njupco.com
官方微博:http://weibo.com/njupco
微信服务号:NJUYUNSHU
销售咨询热线:(025)83594756

前　言

本书是作为高等职业院校电子、机械、化工、建筑、计算机、通信及自动化类等工科专业中的"可编程控制器原理及应用""PLC应用技术""PLC控制系统编程与实现""PLC技术及应用实训""PLC技术及应用"等课程的理实一体化教材，也可作为技能鉴定考核的培训教材。

全书围绕"以能力培养为核心，以实践教学为主线，以理论教学为支撑"的教学思路，以实训项目为载体，按照技能学习规律编排。书中的每个项目兼具独立性和实用性，帮助学生实现从学校到企业的无缝衔接。

本书立足高等职业教育的特点，以职业岗位需求为导向，强调综合应用技术能力培养，采用实际应用案例实施项目化教学，强化实践操作能力，力求内容阐述准确清晰，注重学用结合。全书以与实际应用紧密结合为出发点，注意循序渐进，注重实用性，结构合理，重点突出，便于教学。

本书由杨阿弟、佘明辉、望超担任主编，陈辉煌担任副主编，欧海宁、林航、邱兴阳、陈建洪、杨爱民、刘志斌参编。具体编写分工：杨阿弟编写项目一、项目二、项目三、项目四；佘明辉、杨爱民编写项目五；欧海宁、邱兴阳、陈建洪编写项目六；陈辉煌、刘志斌编写项目七；望超、林航编写项目八。本教材在编写过程中，得到了天津职业技术师范大学邓三鹏教授的指导、莆田市诺斯顿电子发展有限公司总经理林志东高级工程师的参与以及湄洲湾职业技术学院、湖南高速铁路职业技术学院即编者院系领导和诸多教师的帮助，并参考了许多相关论著、教材、期刊等，在此一并致以谢意。

本书共有八个项目，每一个项目均由项目目标、项目任务、项目实施、项目拓展、知识库、练习与思考六部分内容组成。其中,项目二至八中的项目实施均提供两种解决方案,可供师生教学选择使用,书中配套有练习与思考题的参考答案,以便教学。

由于编者水平有限,书中难免存在疏漏之处,恳请使用本书的读者批评指正。

编 者

2025 年 6 月

目　录

一、项目目标

1. 了解系统的基本构成。
2. 能够对系统进行独立完成组态。
3. 组态完成下载无报错。

【微信扫码】
系统组态及参数设置

二、项目任务

1. 项目任务背景

PLC技术作为现代工业自动化三大支柱的核心技术之一,已综合了计算机控制技术、自动控制技术和网络通信技术,其应用于系统过程控制、运动控制、网络通信、人机交互等各个领域。我国正处于全面建设社会主义现代化强国的新时代,基于对更高自动化程度和更高能效的需要,尤其是制造业会越来越多地应用PLC,在制造过程中,以最低生产设备生命周期成本来实现适应性和灵活性的日益增加的需求,给PLC技术应用提供了不竭的动力。PLC现在广泛应用于纺织、冶金、汽车生产、食品饮料、电子制造、化工、电厂、造纸、石油开采及机械设计、国防等领域。

TIA集SIMATIC S7 - 1500/1200/400/300站于一身的PLC编程软件,具有其他编程软件所具有的编程语言。它是SIEMENS SIMATIC工业软件的组成部分,一般来说,它具有可扩展性;可赋值给通信处理器和功能模板;强制和多处理器模式;全局数据通信;可进行组态连接等功能特性。因此,TIA博图将以其功能多而强大、编程方式便捷而灵活等特点在工业控制系统得到广泛的应用。

思政小课堂

工匠精神

工匠精神是对职业劳动的奉献精神。千百年来工匠以业维生,并以技艺为立身之本,无私地奉献自己的全部心血,提高和完善自己的技艺,创造了灿烂的工匠文化。工匠精神就是干一行爱一行,在干中增长技艺与才能。发扬工匠精神,就要提高我们的爱岗敬业精神,正如习近平总书记所说:"劳动没有高低贵贱之分,任何一份职业都很光荣。"本项目通过系统组态的教学,让学生更好地了解工匠精神,劳动最崇高,劳动最光荣,在平凡的岗位

干出不平凡的业绩,就是工匠精神的体现。

2. 项目任务所需设备

本项目所需设备包括 PLC1200、PLC1500、G120 变频器、TP700 触摸屏,组态环境是西门子博图软件,项目所需部分设备如图 1-1 所示。

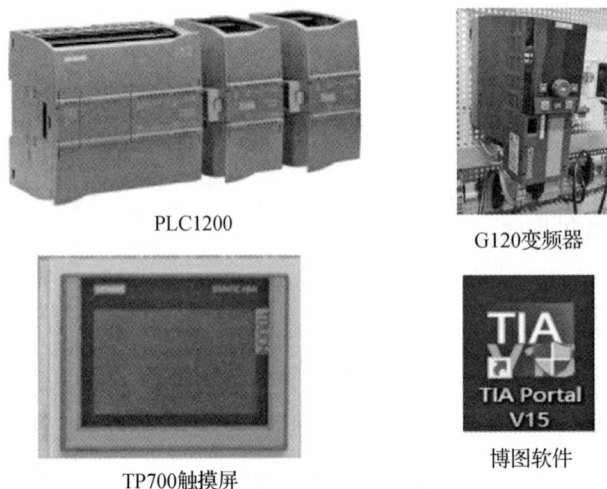

PLC1200

G120变频器

TP700触摸屏

博图软件

图 1-1 项目所需部分设备

3. 项目任务描述

本项目主要任务是在西门子博图软件上完成系统组态及参数设置。

三、项目实施

1. 软件安装

(1) 关闭电脑防火墙及电脑所有杀毒软件。

(2) 右击"避免重启"文件,如图 1-2 所示,单击"以管理员身份运行"。

| 避免重启.bat | 2018/2/5 12:25 | Windows 批处理... | 1 KB |

图 1-2 "避免重启"文件

(3) 打开"TIA Portal STEP 7 Professional WinCC Professional V15.0"文件夹,双击 Start.exe 文件,如图 1-3 所示,开始安装流程。

名称	修改日期	类型	大小
Documents	2018/7/22 16:39	文件夹	
InstData	2018/7/22 16:44	文件夹	
Licenses	2018/7/22 16:44	文件夹	
TIA Portal STEP 7 Professional WinCC...	2018/7/22 16:50	文件夹	
Autorun.inf	2017/12/7 1:11	安装信息	1 KB
Leame.htm	2017/12/7 0:23	HTM 文件	1 KB
Leggimi.htm	2017/12/7 0:23	HTM 文件	1 KB
Liesmich.htm	2017/12/7 0:23	HTM 文件	1 KB
Lisezmoi.htm	2017/12/7 0:23	HTM 文件	1 KB
Readme.htm	2017/12/7 0:23	HTM 文件	1 KB
Readme_OSS.htm	2017/12/7 0:26	HTM 文件	33 KB
ReadmeChinese.htm	2017/12/7 0:23	HTM 文件	1 KB
Start.exe	2017/12/7 0:28	应用程序	716 KB

图 1 - 3　Start.exe 文件

（4）选择"安装语言：中文"，如图 1 - 4 所示，选择"下一步"。

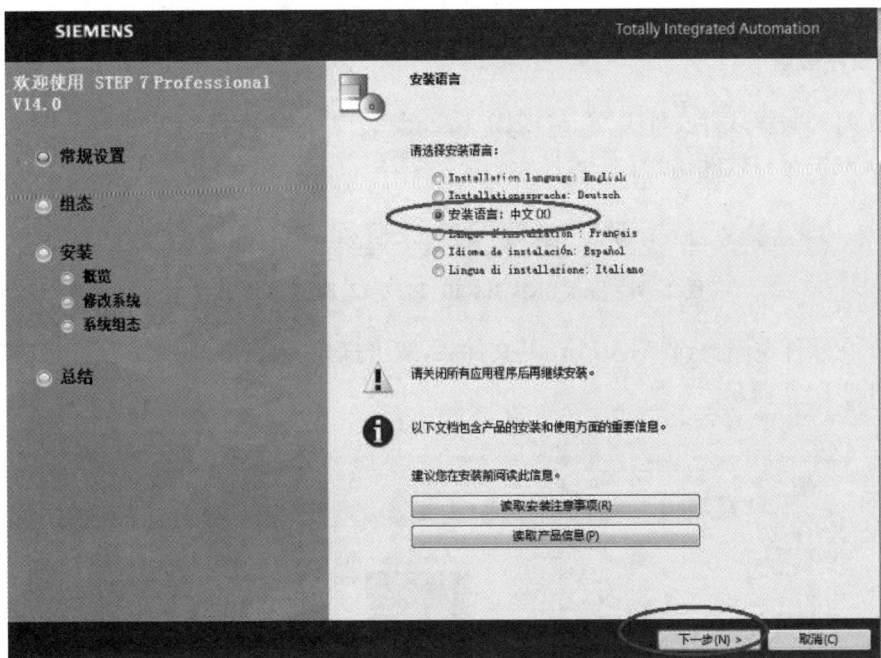

图 1 - 4　安装语言为中文

（5）单击"浏览"按钮，如图 1 - 5 所示，可以更改安装的目标目录，安装路径的长度不能超过 89 个字符。

（6）单击"下一步"按钮，将打开许可证条款对话框，要继续安装，则需要阅读并接受所有许可协议，单击"下一步"按钮，将打开安全控制对话框，要继续安装，则需要接受对安全和权限设置的更改，然后点击"安装"。

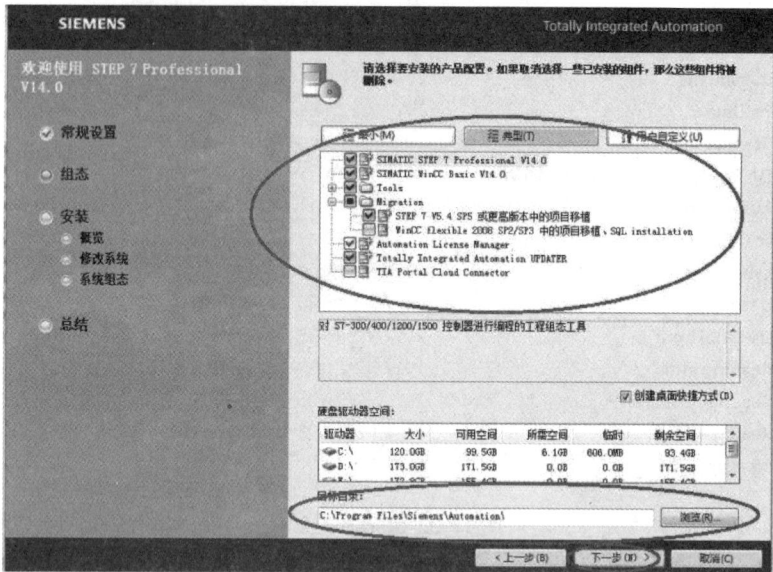

图 1-5　更改安装的目标目录

2. 软件破解

（1）打开破解软件文件夹"Sim_EKB_Install_2017_12_24_TIA15"。

（2）双击运行软件，如图 1-6 所示。

Sim_EKB_Install_2017_12_24_TIA15.exe　2017/12/24 13:19　应用程序　3,799 KB

图 1-6　Sim_EKB_Install_2017_12_24_TIA15 软件

（3）在软件左侧找到"TIA Portal"文件夹，双击打开后，点击"TIA Portal v15（2017）"文件，如图 1-7 所示。

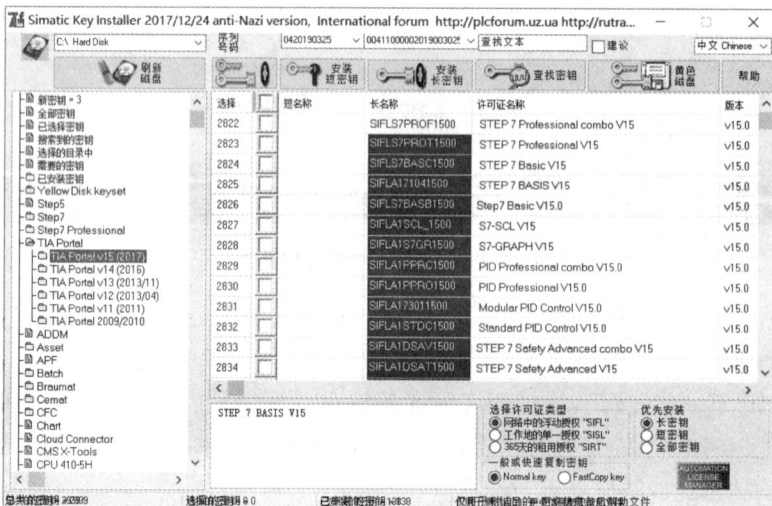

图 1-7　TIA Portal v15（2017）文件

（4）如图 1-8 所示，首先将右侧所有文件全选，第二步单击安装短密钥安装，第三步单击安装长密钥安装，破解完成。

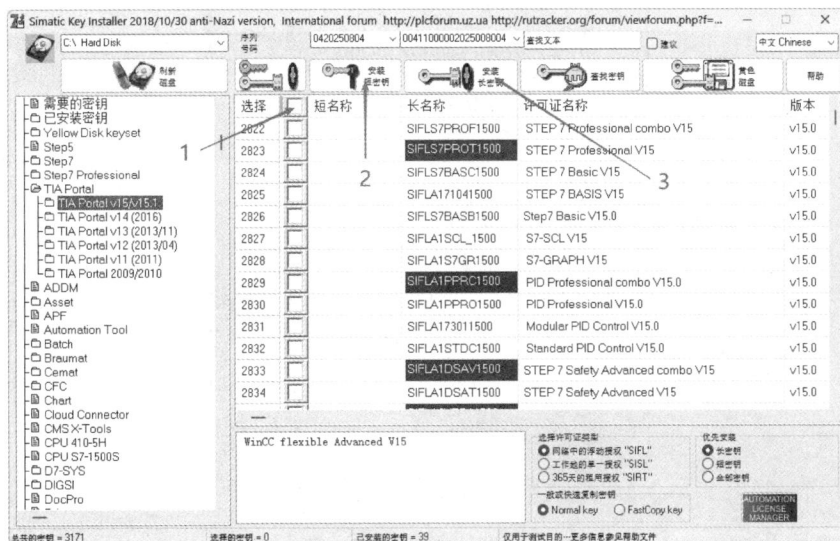

图 1-8　破解步骤

3. 添加 1200PLC

（1）打开博图软件，软件图标如图 1-9 所示。

图 1-9　博图软件

（2）按图 1-10 所示步骤，在博图软件中创建新项目。

图 1-10　创建新项目

（3）双击"添加新设备"，如图 1-11 所示。

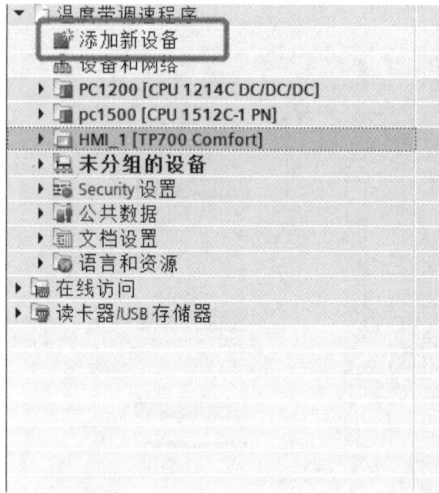

图 1-11　添加新设备

（4）添加 1214C DC/DC/DC 控制器，如图 1-12 所示。

图 1-12　添加 1214C DC/DC/DC 控制器

（5）添加数字量扩展模块，如图 1-13 所示。

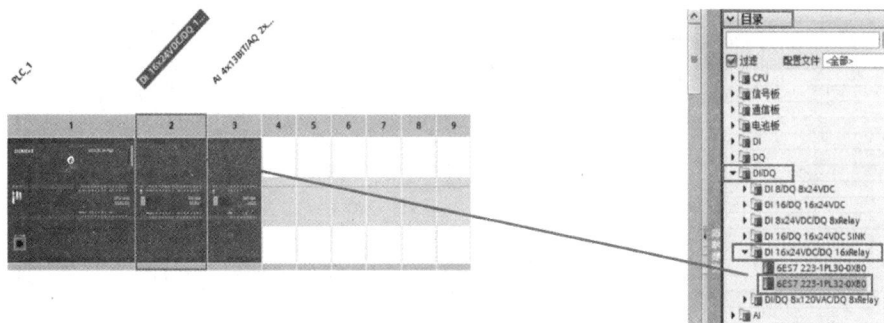

图 1-13 添加两个数字量扩展模块

（6）添加模拟量模块，如图 1-14 所示。

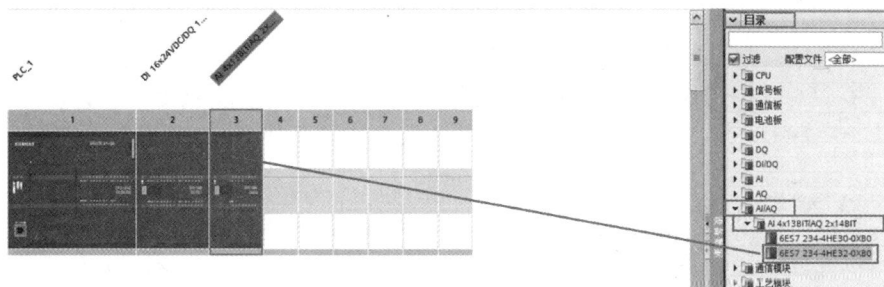

图 1-14 添加一个模拟量模块

（7）修改扩展模块对应地址，如图 1-15 所示。

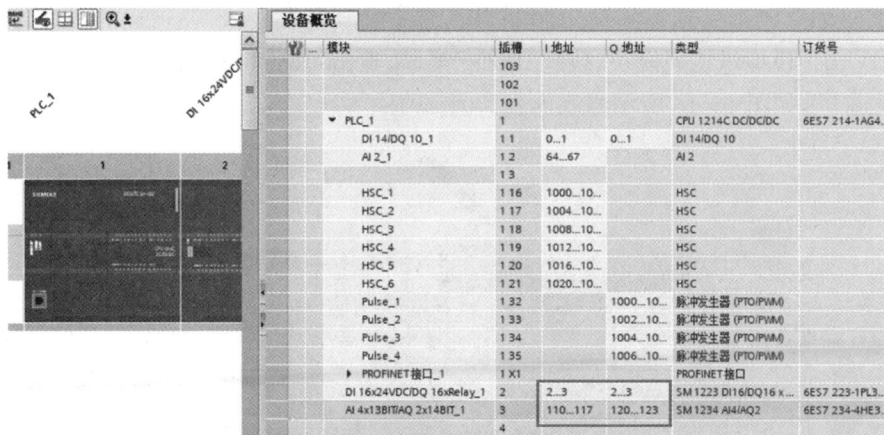

图 1-15 修改扩展模块对应地址

（8）如图 1-16 所示，选中 CPU，拉起"属性"菜单，点击"属性"→"常规"→"以太网地址"，修改 IP 地址。

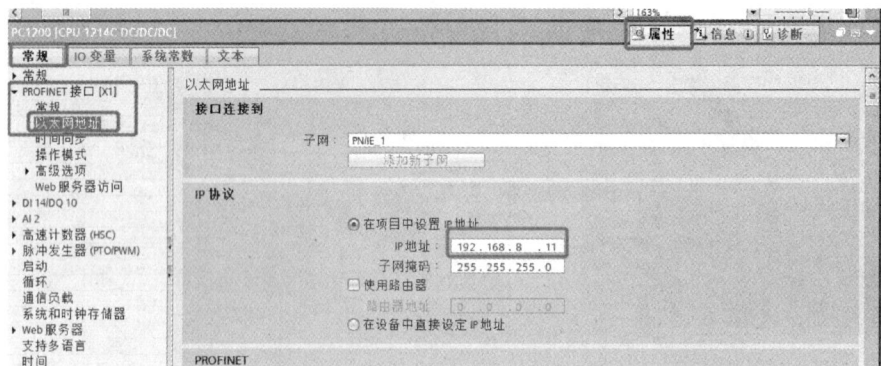

图 1-16 修改 IP 地址

（9）点击"系统和时钟存储器"，如图 1-17 所示勾选对应内容。

图 1-17 启用系统和时钟存储器

（10）选中模拟量扩展模块，拉起"属性"菜单，点击"属性"→"常规"→"模拟量输入"中的"通道 0"，如图 1-18 所示修改内容。

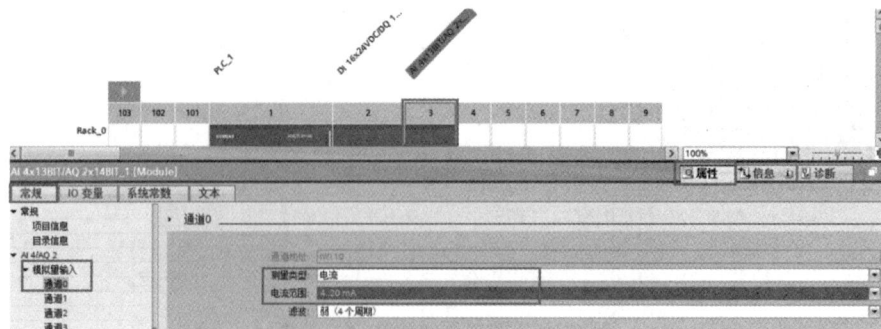

图 1-18 修改模拟量输入内容

（11）选中模拟量扩展模块，拉起"属性"菜单，点击"属性"→"常规"→"模拟量输出"中的"通道 0"，如图 1-19 所示修改内容。

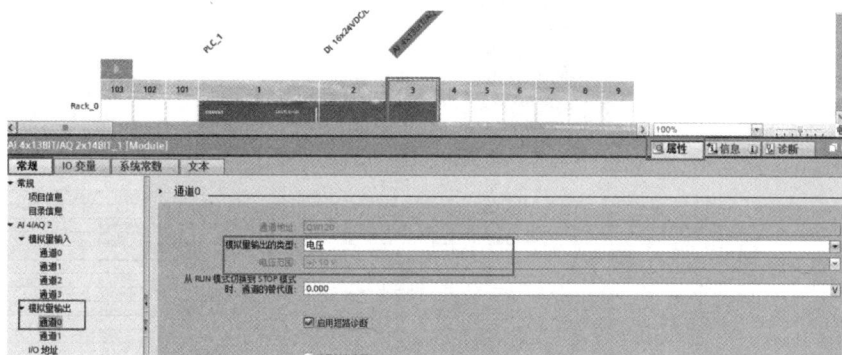

图 1-19　修改模拟量输出内容

4. 添加 TP700 触摸屏

双击"添加新设备",添加新设备 TP700 触摸屏,如图 1-20 所示。

图 1-20　添加新设备

如图 1-21 所示,选中添加的触摸屏,拉起"属性"菜单,点击"属性"→"常规"→"以太网地址",修改 IP 地址。

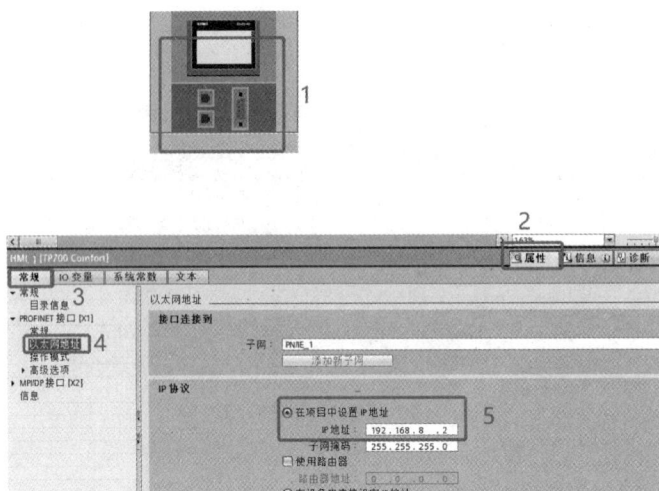

图 1 - 21　修改 IP 地址

5. 添加 G120 变频器

（1）点击进入网络视图，如图 1 - 22 所示，在网络视图添加 G120 CU240E - 2 PN(- F) V4.5。

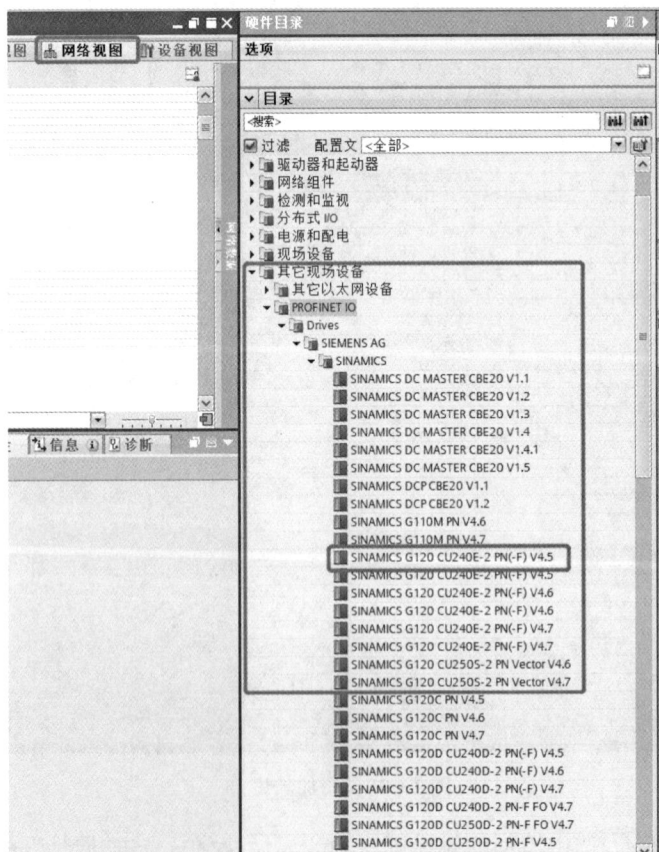

图 1 - 22　添加 G120 CU240E - 2 PN(- F)　V4.5

（2）双击打开添加变频器，如图 1 - 23 所示，选中 G120，点击"设备视图"→"子模块"→双击图中的"PZD - 2/2"。

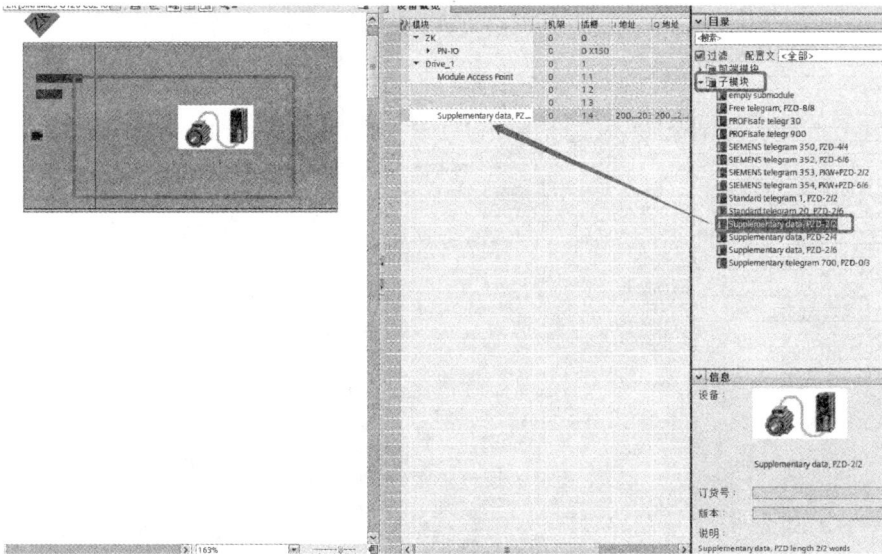

图 1 - 23　双击图中的"PZD - 2/2"

（3）如图 1 - 24 所示，将设备视图中子模块的 I 地址和 Q 地址都修改为"200…203"。

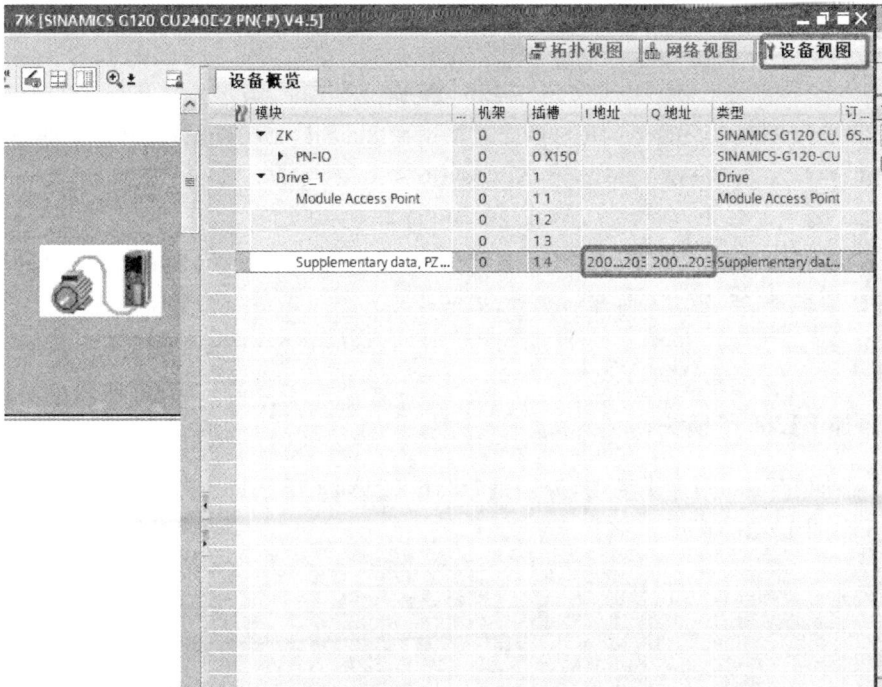

图 1 - 24　修改模块的 I 地址和 Q 地址

（4）按图 1-25 所示步骤，修改 G120 变频器 IP 地址。

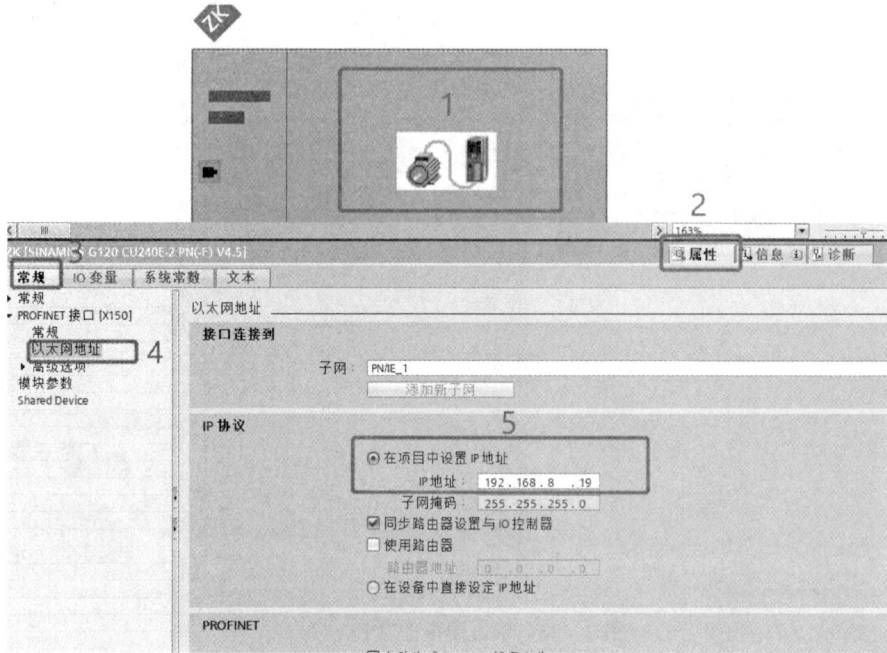

图 1-25   修改 G120 变频器 IP 地址

📖 小知识 ·+·

G120 变频器

G120 变频器包含 SINAMICS G120 控制单元；SINAMICS G120 智能操作面板；SINAMICS G120 0.55kW 功率单元；SINAMICS G120 安装小配件（附带塑料上挡板，防止金属掉入）；三相异步电机（输入电压 220 V，功率 15 W）。

G120 变频器参数类型包括读写参数（可以修改和显示的参数，以 P 开头）和只读参数（不可修改的参数，用于显示内部的变量，以 r 开头）。

·+·

6. 添加 ET200 子模块

（1）添加 ET200 附加子模块，分别是 DI 16×24VDC ST，DQ 16×24DC/0.5A ST，如图 1-26 和图 1-27 所示。

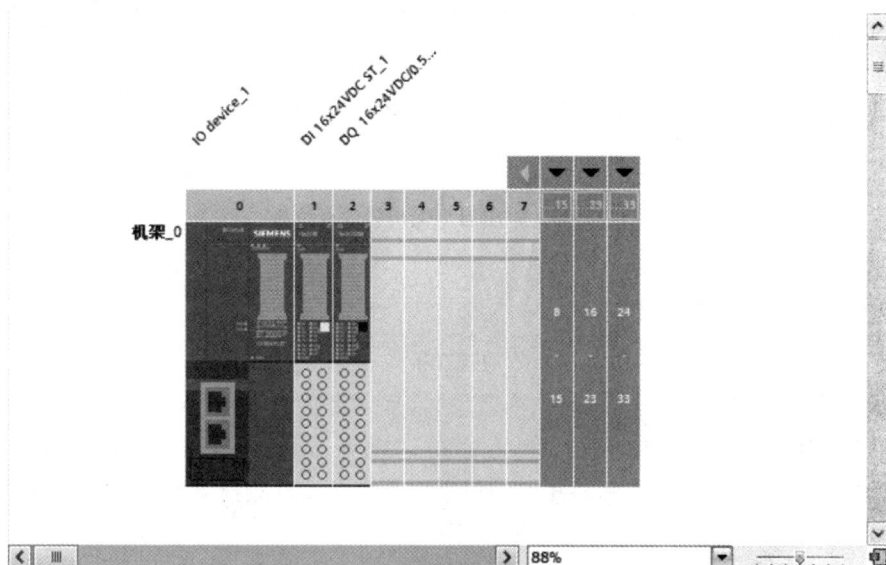

图 1 - 26 添加 ET200 附加子模块(1)

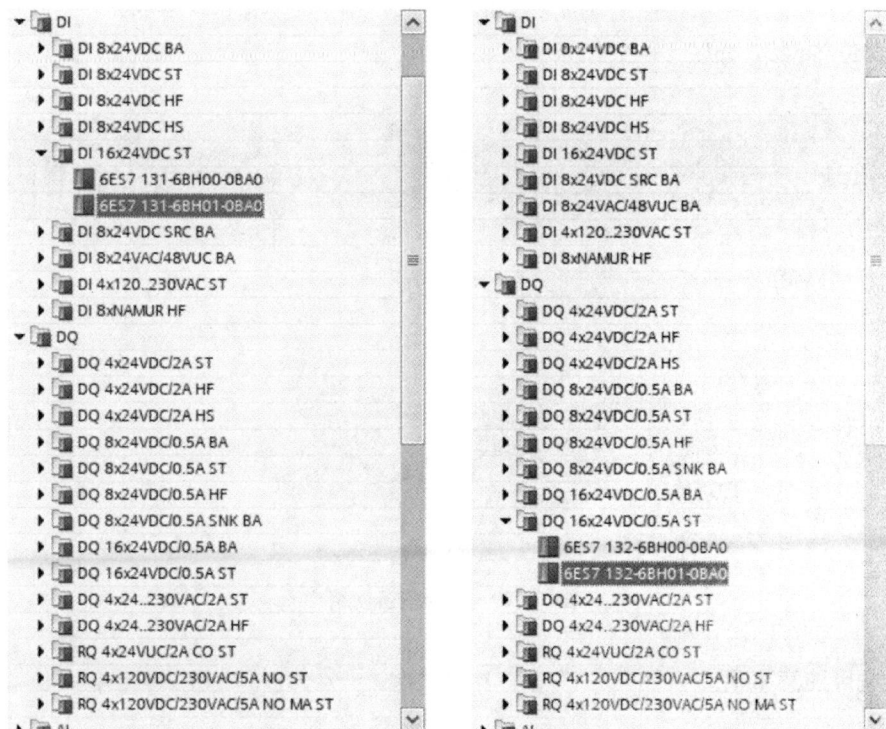

图 1 - 27 添加 ET200 附加子模块(2)

（2）输出启动输出模块点位组，如图 1－28 所示。

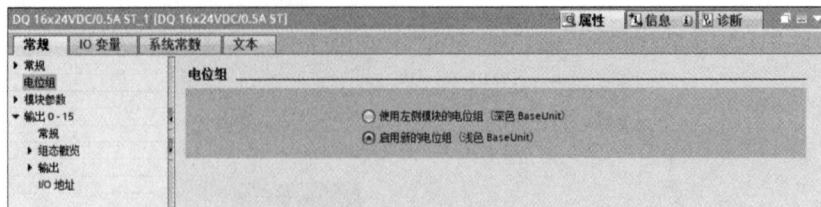

图 1－28　输出启动输出模块点位组

小知识

ET200

ET200 是西门子一个分布式 I/O 产品系列，可以提供 PROFIBUS 和 PROFINET 的分布式 I/O 解决方案，它与 S7－300 上的接口模块 IM360/IM361/IM365 并不一样，S7－300 是通过 K 总线实现本地总线的 I/O 扩展，而 ET200 则是通过 IM15x 接口模块进行 I/O 扩展，相当于其他品牌中的 RIO 或 DIO。

---

7. 连接组态设备

连接设备网络，如图 1－29 所示。

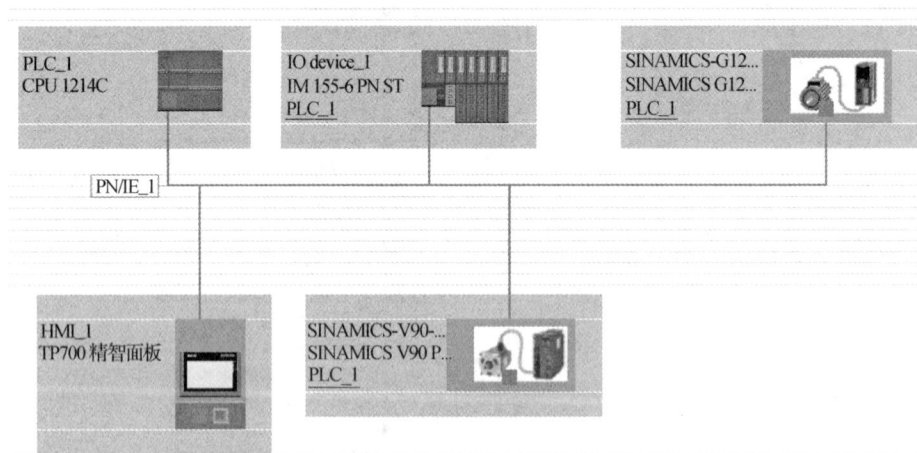

图 1－29　连接设备网络

8. 项目注意事项

西门子博图软件使用时应以下注意事项。

（1）安装时不能打开杀毒软件、防火墙软件、防木马软件、优化软件等。

（2）如果安装了其他西门子软件，需要注意他们之间的兼容性。

（3）解压、安装路径最好不要有中文。

（4）操作系统要求原版操作系统，不能是 GHOST 版本，也不能是优化后的版本。

（5）由于博图软件非常庞大，其中包含多种数据库文件，如电脑中含有多个第三方软件，安装过程中容易导致出现数据库文件冲突错误。

四、项目拓展

1. S7－1200PLC 硬件系统

（1）CPU 概述

CPU 采用了模块化和紧凑型设计，将处理器、传感器电源、数字量输入/输出、高速输入/输出和模拟量输入/输出组合到一起，形成了功能强大的控制器，适用于多种应用领域，满足不同的自动化需求。

① 丰富的通信功能

CPU 集成的 PROFINET 接口可用于编程、HMI 通信和 PLC 之间的通信。PROFIENT 接口集成的 RJ－45 连接器具有自动交叉网线（auto-cross-over）功能，提供 10/100 Mbit/s 的数据传输速率，此外它还通过开放的以太网协议支持与第三方设备的通信，支持 TCP、UDP、ISO-on-TCP、Modbus TCP 和 S7 通信。

② 可靠的信息安全

CPU 提供多种安全功能，用于防范对 CPU 和控制程序未经授权的访问，实现了知识产权的保护。

③ 轨迹（trace）

CPU 支持 trace 功能，可用于跟踪和记录变量。

④ 强大诊断功能

CPU 提供了多种诊断方法，例如：读取 CPU 及模块的状态 LED，这种方法最直观；读取 CPU 及模块的诊断缓冲区，需要博图软件能够与 PLC 建立通信；通过 OB 组织块或诊断指令获得诊断信息。还可以使用 Web 服务器或 HMI 读取诊断信息。

⑤ 灵活的硬件扩展能力

CPU 最多连接 8 个信号模块（具体数量取决于 CPU 的型号），以便支持更多的数字量和模拟量 I/O。

（2）通信接口概述

通信模块（CM）和通信处理器（CP）将扩展 CPU 的通信接口，CM 可以使 CPU 支持 PROFIBUS、RS232/RS485（适用于 PTP、Modbus、USS）以及 AS-i 主站 CP 可以提供其他通信类型的功能，例如通过 GPRS、LTE、IEC、DNP3 或 WDC 网络连接到 CPU。CPU 最多支持 3 个 CM 或 CP，各 CM 或 CP 连接在 CPU 的左侧。

2. S7－1200PLC 基本组态

在 TIA 博图项目中，系统存储了用户创建的自动化解决方案所生成的数据和程序。

构成项目的数据包括：

（1）硬件结构的组态数据和模块的参数分配数据。

（2）用于网络通信的项目工程数据。

（3）用于设备的项目工程数据。

（4）项目生命周期中重要事件的日志。

硬件组态：S7-1200PLC 自动化系统需要对各硬件进行组态、参数配置和通信互连。项目中的组态要与实际系统一致，系统启动时，CPU 会自动监测软件的预设组态与系统的实际组态是否一致，如果不一致会报错。

网络组态：组态好 PLC 硬件后，可以在网络视图中组态 PROFIBUS、PROFINET 网络，创建以太网的 S7 连接或 HMI 连接等。

五、知识库

1. 西门子博图软件简介

博图软件可以对西门子 300、400、1200 及 1500 产品进行组态、编程和调试。TIA 博图软件将所有的自动化软件工具都统一到一个开发环境中，是业内首个采用统一工程组态和软件项目环境的自动化软件，可在同一开发环境中组态几乎所有的西门子可编程控制器、人机界面和驱动装置，如图 1-30 所示。在控制器、驱动装置和人机界面之间建立通信时的共享任务，可大大降低连接和组态成本。

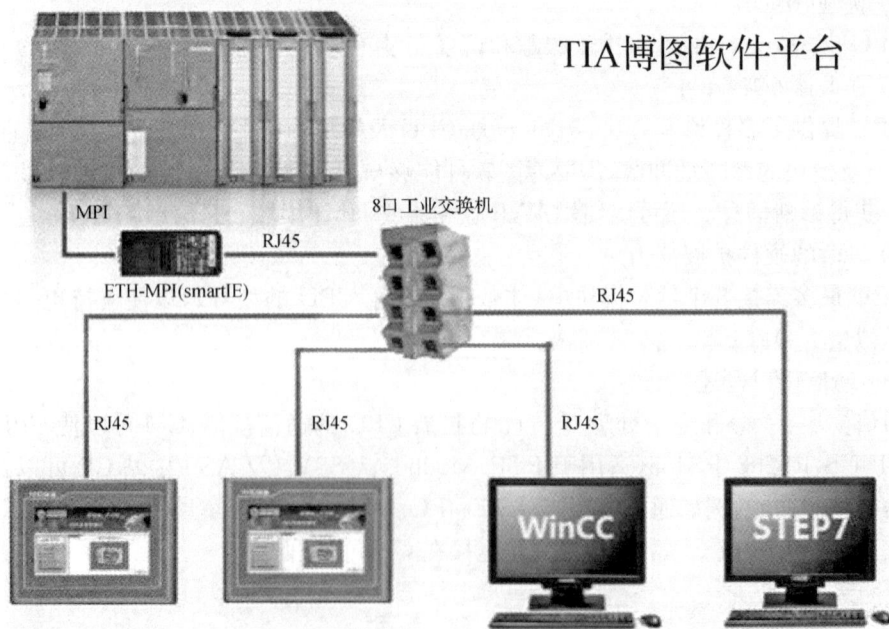

图 1-30 TIA 博图软件平台

2. 西门子博图软件界面

TIA 博图软件在自动化项目中可以使用两种不同的视图：Portal 视图和项目视图。Portal 视图是面向任务的视图，项目视图是项目各组件以及相关工作区和编辑器的视图。可以使用链接在两种视图间进行切换。

（1）Portal 视图

Portal 视图提供了面向任务的工具视图，可以快速确定要执行的操作或任务。如有必要，该界面会针对所选任务自动切换为项目视图。双击 TIA 博图软件的快捷方式打开软件，首先看到 Portal 视图界面，如图 1-31 所示。

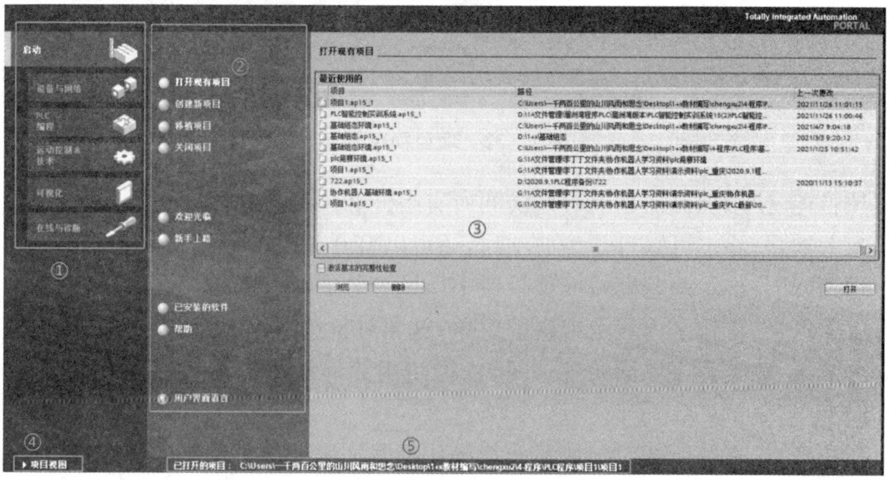

图 1-31　Portal 视图界面

Portal 视图界面功能说明如下。

① 任务选项：为各个任务区提供了基本功能，在 Portal 视图中提供的任务选项取决于所安装的软件产品。

② 所选任务选项对应的操作：提供了在所选任务选项中可使用的操作，操作的内容会根据所选的任务选项动态变化，可在每个任务选项中查看相关任务的帮助文件。

③ 操作选择面板：所有任务选项中都提供了选择面板，该面板的内容取决于当前的选择。

④ 切换到项目视图：使用"项目视图"链接切换到项目视图。

⑤ 当前打开的项目的显示区域：了解当前打开的是哪个项目。

（2）项目视图

项目视图是项目所有组件的结构化视图，如图 1-32 所示。

项目视图界面功能说明如下。

① 标题栏：显示项目名称。

② 菜单栏：菜单栏包含工作所需的全部命令。

③ 工具栏：工具栏提供了常用命令的按钮，可以更快地访问这些命令。

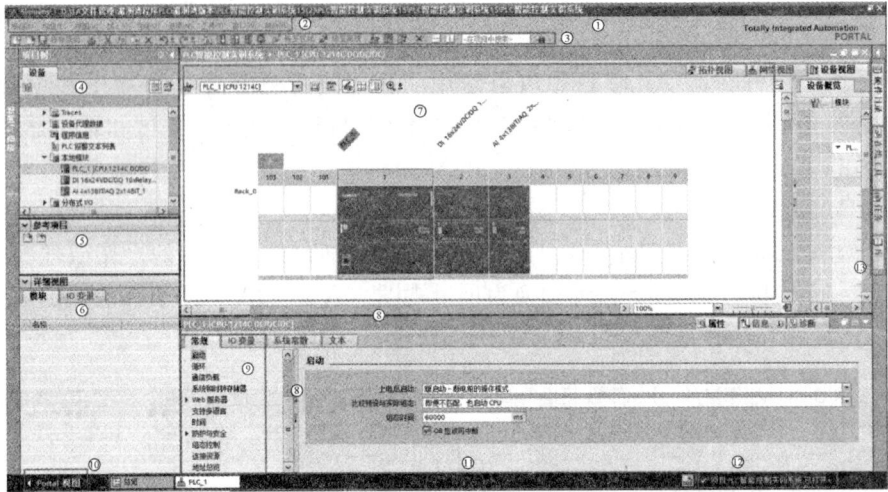

图 1‐32　项目视图界面

④ 项目树:使用项目树功能可以访问所有组件和项目数据。

⑤ 参考项目:除了可以打开当前项目,还可以打开其他项目进行参考。

⑥ 详细视图:显示总览窗口或项目树中所选对象的特定内容,包含文本列表或变量。

⑦ 工作区:在工作区内显示编辑的对象,这类对象包括编辑器、视图,以及表。

⑧ 分隔线:分隔程序界面的各个组件,可使用分隔线上的箭头显示和隐藏用户界面的相邻部分。

⑨ 巡视窗口:有关所选对象或所执行操作的附加信息均显示在巡视窗口中。

⑩ 切换到 Portal 视图:使用"Portal 视图"链接切换到 Portal 视图。

⑪ 编辑器栏:将显示打开的编辑器,从而在已打开元素间进行快速切换,如果打开的编辑器数量非常多,则可对类型相同的编辑器进行分组显示。

⑫ 带有进度显示的状态栏:将显示当前正在后台运行的过程的进度条。

⑬ 任务卡:根据所编辑对象或所选对象,提供用于执行附加操作的任务卡。

(3) 项目树

使用项目树功能可以访问所有组件和项目数据,如图 1‐33 所示。可在项目树中执行以下任务。

① 添加新组件。

② 编辑现有组件。

③ 扫描和修改现有组件的属性。

项目树界面功能说明如下。

① 标题栏:项目树的标题栏有一个按钮,可以自动和手动折叠项目树。

② 工具栏:可以在项目树的工具栏中创建新的用户文件夹,向前浏览到链接的源后再返回浏览到链接本身,在工作区中显示所选对象的总览。

③ 表格标题:默认情况下会显示"名称"列,也可以显示"类型名称"和"版本"列,如果显示其他列,则将看到库中类型实例所用的相应类型名称和版本。

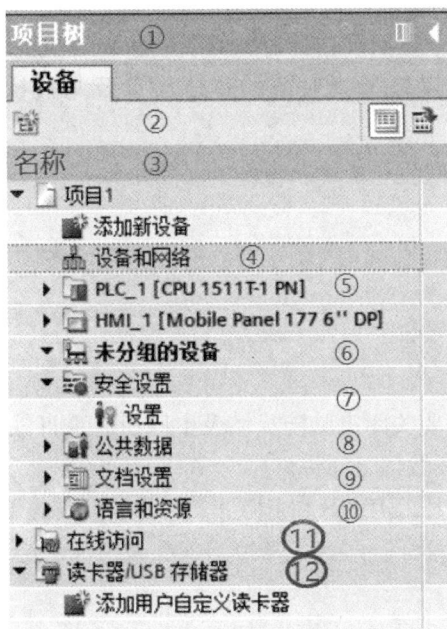

图 1 - 33　项目树功能

④ 项目:可以找到与项目相关的所有对象和操作。

⑤ 设备:项目中的每个设备都有一个单独的文件夹,该文件夹具有内部的项目名称,属于该设备的对象和操作都排列在此文件夹中。

⑥ 未分组的设备:项目中的所有未分组的分布式 I/O 设备都将包含在此文件夹中。

⑦ 未分配的设备:未分配给分布式 I/O 系统的分布式 I/O 设备都将包含在此文件夹中。

⑧ 公共数据:该文件夹包含可跨多个设备使用的数据,如公共消息类、日志和脚本。

⑨ 文档设置:在该文件夹中指定项目文档的打印布局。

⑩ 语言和资源:在该文件夹中确定项目语言和文本。

⑪ 在线访问:该文件夹包含了 PG/PC 的所有接口,可以通过"在线访问"查找可访问的设备。

⑫ 读卡器/USB 存储器:该文件夹用于管理连接到 PG/PC 的所有读卡器和其他 USB 存储介质。

(4) 任务卡

可以选用的任务卡位于界面右侧的工具栏中,可以使用哪些任务卡具体取决于已经安装的产品。根据工作区被编辑或被选定对象的不同,使用任务卡可以执行附加的可用动作。这些动作包括:从某个库中选择对象、从硬件目录中选择对象、搜索和替换项目中的对象、已选定对象的诊断信息。

(5) 检查器窗口

检查器窗口显示与已选对象或者已执行动作等有关的附加信息。检查器窗口由以下选项卡组成。

① 属性：该选项卡用于显示被选择对象的属性。

② 信息：该选项卡显示被选择对象的其他信息及与被执行动作（如编译）有关的信息。

③ 诊断：该选项卡提供与系统诊断事件和已组态报警事件等有关的信息。

六、练习与思考

（一）判断题

1. 安装博图软件时需要关闭电脑防火墙及电脑所有杀毒软件。（　　）

2. G120 变频器读写参数以 r 开头。（　　）

3. ET200 可以提供 PROFIBUS 和 PROFINET 的分布式 I/O 解决方案。（　　）

4. 博图软件可以对西门子 300、400、1200 及 1500 产品进行组态、编程和调试。（　　）

5. Portal 视图和项目视图直接不可以切换。（　　）

6. 分隔程序界面的各个组件，可使用分隔线上的箭头显示和隐藏用户界面的相邻部分。（　　）

7. 任务卡窗口显示与已选对象或者已执行动作等有关的附加信息。（　　）

8. RJ-45 连接器提供 10/100 Mbit/s 的数据传输速率。（　　）

9. CPU 不支持 trace 功能，所以不可用于跟踪和记录变量。（　　）

10. S7-1200PLC 自动化系统需要对各硬件进行组态、参数配置和通信互连。（　　）

（二）选择题

1. 下列说法中，正确的是（　　）。

A. Portal 是视图项目各组件以及相关工作区和编辑器的视图，项目视图是面向任务的视图

B. Portal 视图和项目视图都是面向任务的视图

C. Portal 视图和项目视图都是项目各组件以及相关工作区和编辑器的视图

D. Portal 视图是面向任务的视图，项目视图是项目各组件以及相关工作区和编辑器的视图

2. 使用项目树功能可以访问（　　）。

A. 所有组件　　　　　　　　　　B. 部分组件

C. 所有项目对象　　　　　　　　D. 部分项目数据

3. 在工作区内显示编辑的对象，这类对象不包括（　　）。

A. 编辑器　　　　B. 视图　　　　C. 模块　　　　D. 表

4. 可在项目树中执行以下哪些任务？（　　）

A. 添加新组件　　　　　　　　　　　　B. 编辑现有组件

C. 删除现有组件　　　　　　　　　　　　D. 扫描和修改现有组件的属性

5. 使用任务卡可以执行附加的可用动作,这些动作包括(　　　)。

A. 从某个库中选择对象　　　　　　　　B. 从软件目录中选择对象

C. 搜索和但不能替换项目中的对象　　　D. 未选定对象的诊断信息

6. PLC 主要代替继电器进行(　　　)。

A. 开关量逻辑控制　　　　　　　　　　B. 运动控制

C. 闭环过程控制　　　　　　　　　　　D. 通信联网

7. 下列不属于 PLC 硬件系统组成的是(　　　)。

A. 用户程序　　　　　　　　　　　　　B. 输入/输出接口

C. 中央处理单元　　　　　　　　　　　D. 通信接口

8. 下列说法中,正确的是(　　　)。

A. S7 - 300 是通过 K 总线实现本地总线的 I/O 扩展

B. S7 - 300 是通过 IM15x 接口模块进行 I/O 扩展

C. ET200 则是通过 K 总线实现本地总线的 I/O 扩展

D. ET200 则不是通过 IM15x 接口模块进行 I/O 扩展

9. CPU 不支持以下哪几种通信?(　　　)

A. TCP　　　　　　　　　　　　　　　B. UDP

C. Http　　　　　　　　　　　　　　　D. ISO-on-TCP

10. 构成项目的数据包括(　　　)。

A. 硬件结构的组态对象和模块的参数分配对象

B. 用于数据通信的项目工程数据

C. 用于设备的项目工程对象

D. 项目生命周期中重要事件的日志

(三) 填空题

1. CPU 采用了模块化和紧凑型设计,将处理器、_____、数字量输入/输出、高速输入/输出和模拟量输入/输出组合到一起。

2. 博图软件在自动化项目中可以使用两种不同的视图,分别是_____和项目视图。

3. 项目视图中,有关所选对象或所执行操作的附加信息均显示在_____中。

4. 可以使用哪些任务卡具体取决于_____。

5. PLC 程序中,手动程序和自动程序需要_____。

(四) 思考题

1. 在 TIA 中如何创建一个新项目?在一个项目中,如何添加新的 I/O 控制器和 I/O 监视器?

2. 组态一个触摸屏的可视化监控画面,需要哪几个必须的操作步骤?

交通灯模拟模块

一、项目目标

1. 了解交通灯模拟模块的构成及信号分配。
2. 编写交通灯控制程序。

二、项目任务

1. 项目任务背景

近年来,在快速城市化进程和经济发展的影响下,城市交通量迅速增长,交通问题成为困扰许多大城市的通病,已成为日趋严峻的国际性问题。其中,十字路口则是造成交通堵塞的主要"瓶颈",世界发达国家都在积极探索如何最大限度地发挥道路通行能力,尽量减少交通堵塞造成的各种损失。十字交通道路如图 2-1 所示。

图 2-1 十字交通道路

在街道的十字交叉路口,为了确保交通秩序和行人安全,一般在每条道路口安装了交通信号灯。其中,红灯亮表示该条道路禁止通行;黄灯亮表示该条道路上未过停车线的车辆禁止通行,已过停车线的车辆继续运行;绿灯亮表示该条道路允许通行。交通灯模块是由 LED 灯模拟现实中十字路口交通灯的状态,由红绿黄三种颜色组成,通过编程实现模拟现实中交通信号灯的工作状态。

思政小课堂

以人为本

以人为本的核心就是尊重生命。生命价值高于一切,珍惜并爱护自己和他人的生命,是尊重人类价值的基本要求;生命不仅属于个人,更承载着社会义务和家庭责任。面对困难与挫折时,不可采取伤害自己甚至放弃生命来作为解决问题的方法;尊重所有生命,不嘲笑任何缺陷或不健全者,并全力维护生命尊严。通过本项目可以在学习 PLC 的同时更好地督促人们维护交通秩序,提高交通安全意识。

2. 项目任务所需设备

本项目所需设备包括 S7 - 1200PLC、交通灯模块(由亚克力板、牛角头、指示灯、电路板等组成),项目所需部分设备如图 2 - 2 所示。

S7-1200PLC

交通灯模块

图 2 - 2　项目所需部分设备

3. 项目任务描述

本项目主要任务是设计一个交通灯,循环 60 s,控制波形图如图 2 - 3所示。

【微信扫码】
交通灯模拟模块任务描述

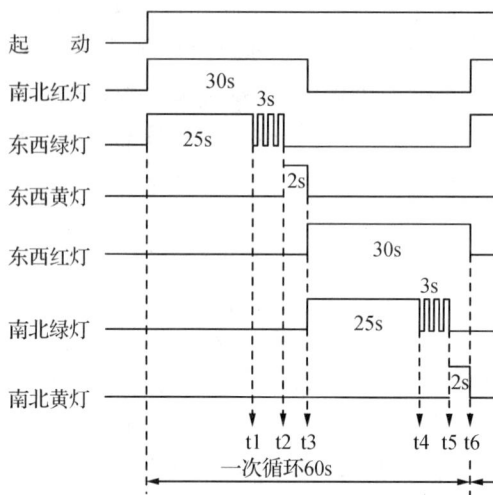

图 2-3 控制波形图

功能要求如下。

（1）通过触摸屏启动按钮能够实现交通灯的启动。

（2）通过触摸屏停止按钮能够实现交通灯的停止。

三、项目实施

（一）解决方案一

1. 定义全局变量

定义全局变量，如图 2-4 所示，可以被本程序所有对象或函数引用，全局变量数据类型为 Bool，初始值为 false，若逻辑值为 true，则该变量执行操作。

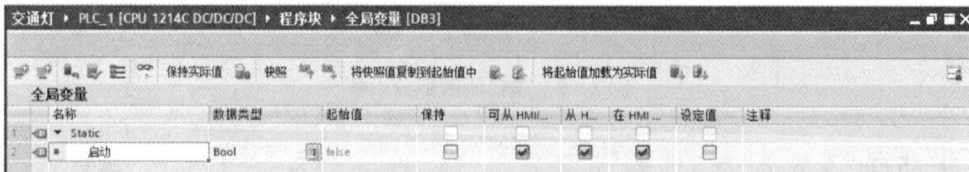

图 2-4 定义全局变量

2. 定义 FB 块接口变量

定义交通信号灯功能块接口变量，如图 2-5 所示，所有的输入和输出及输入/输出参数均保存在数据块内，Input 接口为输入型，代表此接口的参数可以通过外部接口输入实参。Output 接口为输出型，代表此接口可以通过外部接口赋值给其他变量。

交通灯 ▶ PLC_1 [CPU 1214C DC/DC/DC] ▶ 程序块 ▶ 交通灯 [FB1]

交通灯

		名称	数据类型	默认值	保持	可从HMI...	从 H...	在 HMI...
1		▼ Input						
2		启动	Bool	false	非保持	☑	☑	☑
3		▼ Output						
4		北黄灯	Bool	false	非保持	☑	☑	☑
5		北绿灯	Bool	false	非保持	☑	☑	☑
6		北红灯	Bool	false	非保持	☑	☑	☑
7		南黄灯	Bool	false	非保持	☑	☑	☑
8		南绿灯	Bool	false	非保持	☑	☑	☑
9		南红灯	Bool	false	非保持	☑	☑	☑
10		西黄灯	Bool	false	非保持	☑	☑	☑
11		西绿灯	Bool	false	非保持	☑	☑	☑
12		西红灯	Bool	false	非保持	☑	☑	☑
13		东黄灯	Bool	false	非保持	☑	☑	☑
14		东绿灯	Bool	false	非保持	☑	☑	☑
15		东红灯	Bool	false	非保持	☑	☑	☑
16		▼ InOut						

图 2-5 定义 FB 块接口变量

3. 程序设计

（1）程序段 1：设计启动按钮，启动 60 s 的定时循环，如图 2-6 所示。

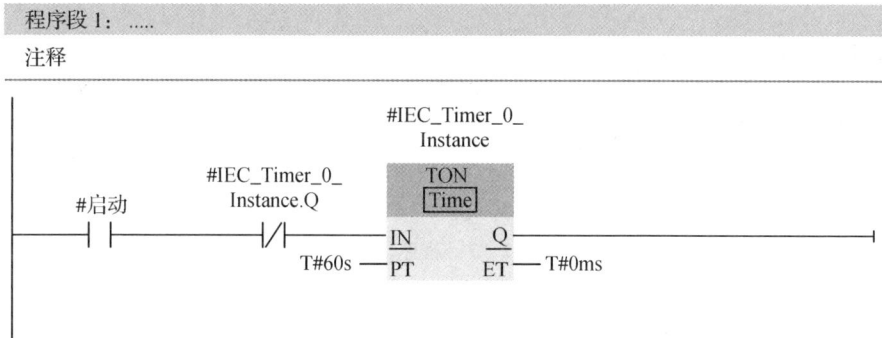

图 2-6 程序段 1

（2）程序段 2：设置前 30 s 交通灯的控制要求，当按下启动按钮，信号灯开始工作，在 0—30 s 南北红灯常亮，0—25 s 东西绿灯常亮，25—28 s 东西绿灯以 1 Hz 频率闪烁，28—30 s 东西黄灯常亮，如图 2-7 所示。

程序段 2：⋯⋯

注释

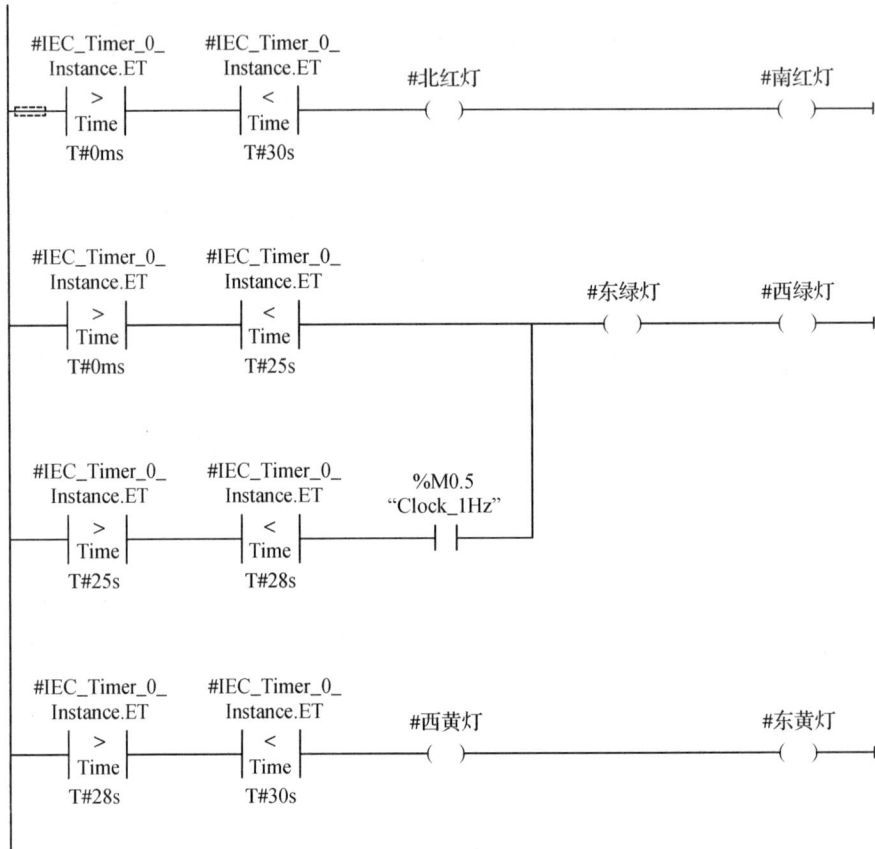

图 2-7　程序段 2

（3）程序段 3：设置后 30 s 交通灯的控制要求，在 30—60 s 东西红灯常亮，30—55 s 南北绿灯常亮，55—58 s 南北绿灯以 1 Hz 频率闪烁，58—60 s 南北黄灯常亮，如图 2-8 所示。

程序段3：......

注释

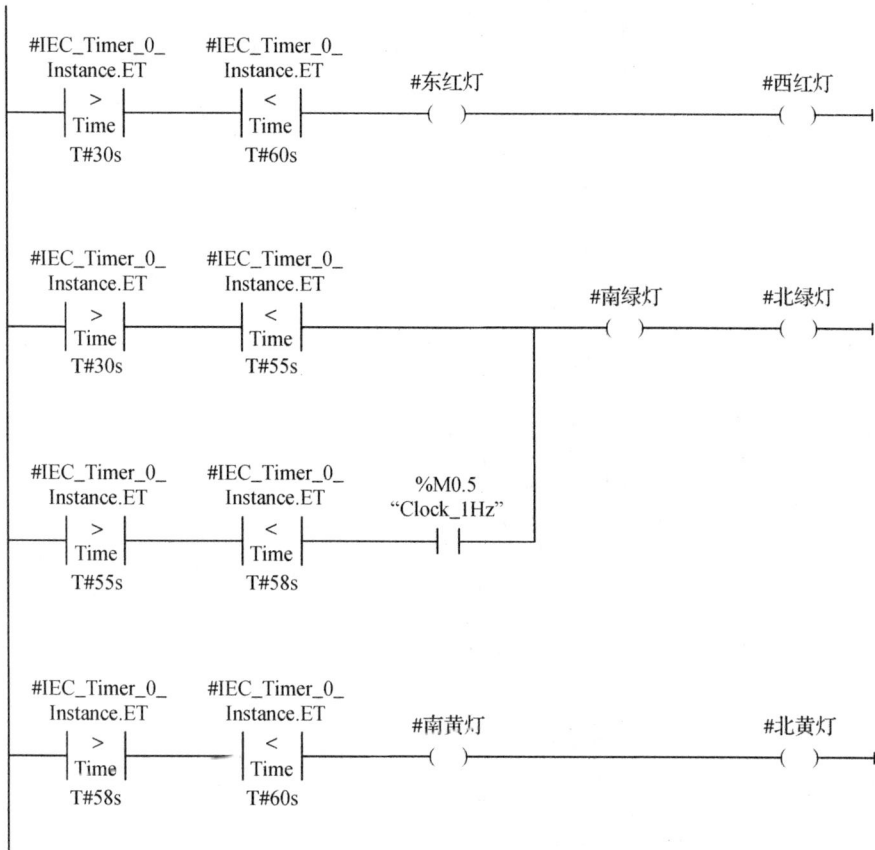

图2-8　程序段3

📖 小知识 ·—·+·—·+·—·+·—·+·—·+·—·+·—·+·—·+·—·+·—·+·—·+·—·+·—·+·—·+·—·

梯形图

梯形图是PLC使用得最多的图形编程语言，被称为PLC的第一编程语言。梯形图语言沿袭了继电器控制电路的形式，梯形图是在常用的继电器与接触器逻辑控制基础上简化了符号演变而来的，具有形象、直观、实用等特点，电气技术人员容易接受。

---

4. 在主程序调用交通灯

在主程序调用交通灯，执行过程如图2-9所示。

程序段 1: ......

注释

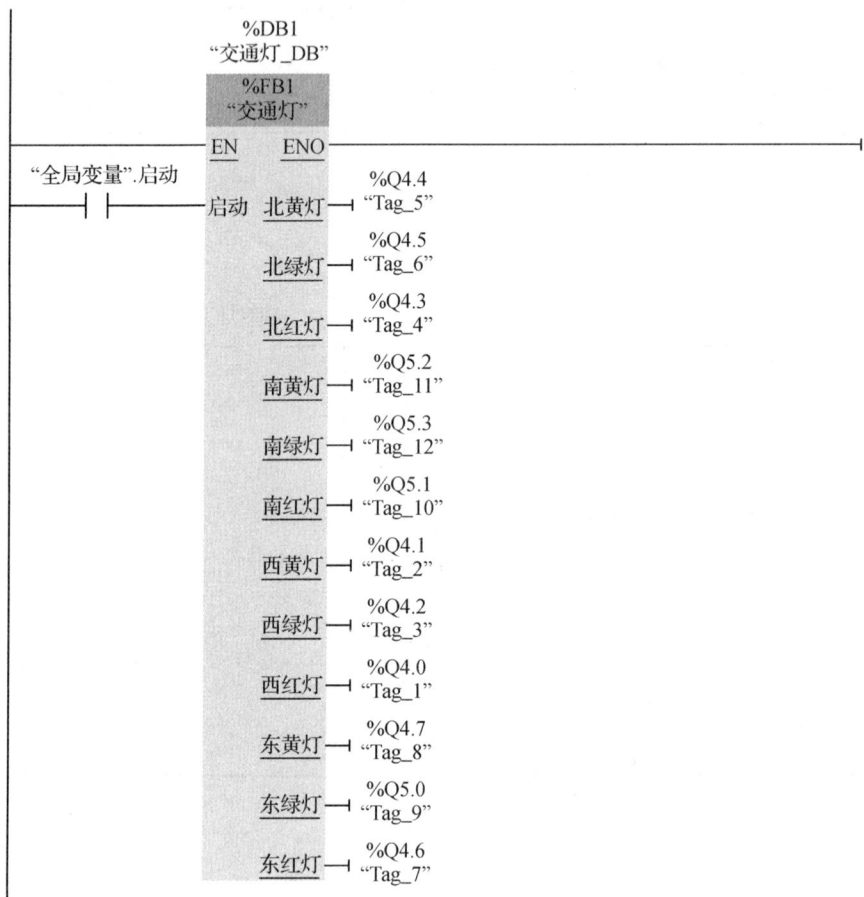

图 2-9 主程序中调用交通灯

5. 项目注意事项

(1) 对照电路图检查电路是否有掉线、错线,接线是否牢固,学生自行检查和互检,确认安装的电路正确,无安全隐患,经老师检查后方可通电实验。

(2) 编写的程序必须经过模拟调试,经过反复调试和修改,使程序满足控制要求。

(3) 接通总电源,将上述程序输入 PLC 中并运行,分别按下启动按钮和停止按钮,观察交通灯模块的运行情况。在调试前要制定周密的调试计划,以免由于工作的盲目性而隐蔽了故障隐患,从而保证 PLC 程序的完整性和可靠性。

(4) 程序调试完毕,必须实际运行一段时间,以确认程序是否真正达到控制要求。

（二）解决方案二

1. 新建 PLC 变量表

在项目树的 PLC 变量中添加新变量表——交通灯,并将变量分配给相应的 I/O 地址,如图 2-10 所示。

		名称	数据类型	地址	保持	从 H...	从 H...	在 H...
1		西红灯	Bool	%Q0.0		✓	✓	✓
2		西黄灯	Bool	%Q0.1		✓	✓	✓
3		西绿灯	Bool	%Q0.2		✓	✓	✓
4		北红灯	Bool	%Q0.3		✓	✓	✓
5		北黄灯	Bool	%Q0.4		✓	✓	✓
6		北绿灯	Bool	%Q0.5		✓	✓	✓
7		东红灯	Bool	%Q0.6		✓	✓	✓
8		东黄灯	Bool	%Q0.7		✓	✓	✓
9		东绿灯	Bool	%Q1.0		✓	✓	✓
10		南红灯	Bool	%Q1.1		✓	✓	✓
11		南黄灯	Bool	%Q2.0		✓	✓	✓
12		南绿灯	Bool	%Q2.1		✓	✓	✓
13		启动	Bool	%I1.3		✓	✓	✓
14		停止	Bool	%I1.4		✓	✓	✓

图 2-10　交通灯变量表

2. 程序设计

（1）程序段 1:将地址 I1.3 分配给启动按钮,启动 60 s 的定时循环,I1.4 分配给停止按钮,如图 2-11 所示。

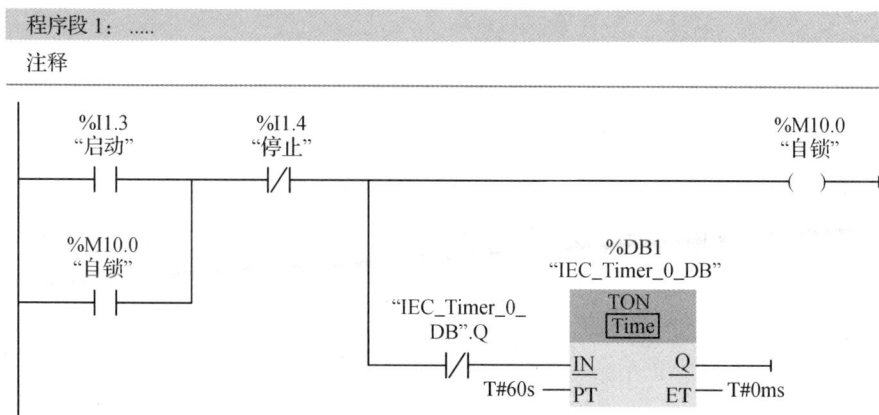

图 2-11　程序段 1

（2）程序段 2：设置前 30 s 交通灯的控制要求，当按下启动按钮，信号灯开始工作，在 0—30 s 南北红灯常亮，0—25 s 东西绿灯常亮，25—28 s 东西绿灯以 1 Hz 频率闪烁，28—30 s 东西黄灯常亮，并分配相应的 I/O 地址，如图 2-12 所示。

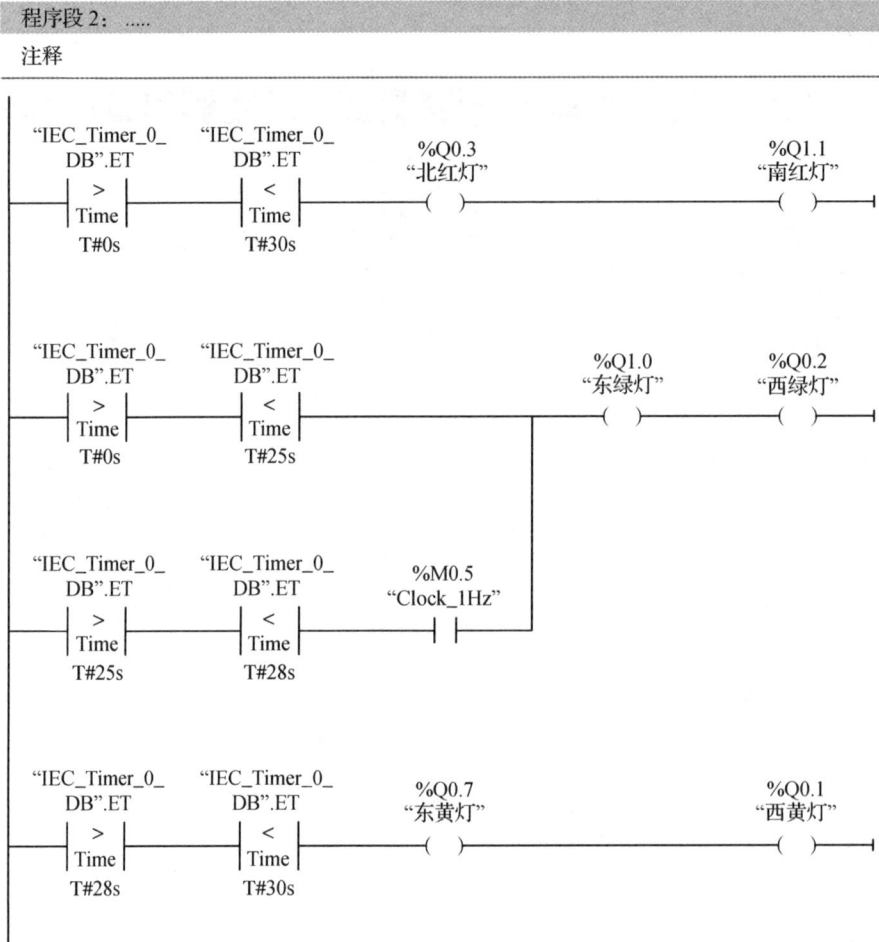

图 2-12　程序段 2

（3）程序段 3：设置后 30 s 交通灯的控制要求，在 30—60 s 东西红灯常亮，30—55 s 南北绿灯常亮，55—58 s 南北绿灯以 1 Hz 频率闪烁，58—60 s 南北黄灯常亮，如图 2-13 所示。

程序段3：……

注释

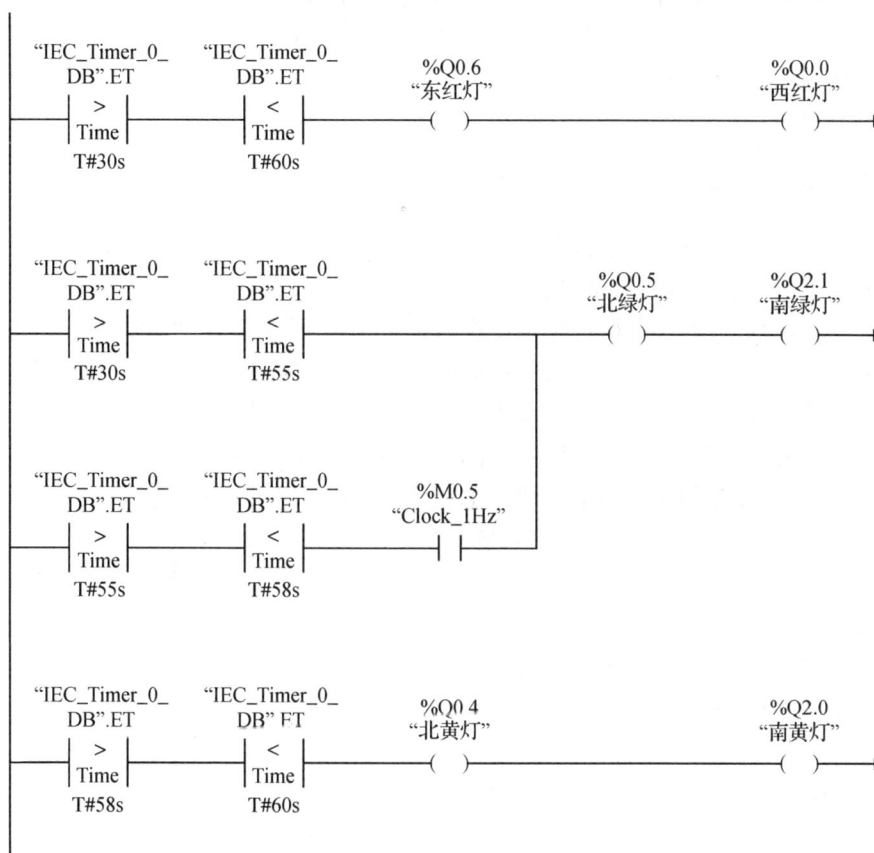

图 2-13 程序段 3

四、项目拓展

1. 时序图设计法

若 PLC 各输出信号的状态变化有时间顺序,可选择时序图设计法来设计程序,因为根据时序图容易理顺各状态转换的时刻和转换的条件,从而建立清晰的设计思路,时序图设计法归纳如下。

(1) 详细分析控制要求,明确各输入、输出信号的个数和类型,合理选择机型。

(2) 明确各输入、输出信号之间的时序关系,并画出输入、输出信号的工作时序图。

(3) 把时序图划分成若干个时序区间,确定各区间的时间长短,找出各区间的分界点,弄清分界点处各输出信号状态的转换关系和转换条件。

(4) 确定所需定时器数量和定时器的设定值,根据每个时间区间各输出信号的状态,列出状态转换明细表。

（5）对 PLC 进行 I/O 分配。

（6）根据定时器的功能明细表、时序图和 I/O 分配表编写梯形图程序。

（7）做模拟实验,检查程序是否符合控制要求,进一步修改、完善程序。

一般来说,对于复杂的控制系统,若某些环节属于该控制系统,就可以应用时序图的方法来进行处理。

2. 用户程序结构

（1）线性程序:按顺序逐条执行用于自动化任务中的所有指令,通常将所有程序指令都放入用于循环执行程序的 OB 中。

（2）模块化程序:调用可执行特定任务的特定代码块（功能或功能块）,需要将复杂的自动化任务划分为与过程的工艺功能相对应的更小的次级任务。每个代码块都为每个次级任务提供程序段,通过从另一个块中调用其中一个代码块来构建程序。

创建可在用户程序中重复使用的通用代码块主要有以下优点。

① 可为标准任务创建能够重复使用的代码块,模块化组件有助于标准化程序设计,也使得更新或修改程序代码更加快速和容易。

② 创建模块化组件可简化程序的调试,通过将整个程序构建为一组模块化程序段,可在开发每个代码块时测试其功能。

③ 创建与特定工艺功能相关的模块化组件,简化对已完成应用程序的调试,减少调试过程中所用的时间。

五、知识库

1. 块的类型

S7 - 1200PLC 的块包括组织块、功能、功能块和数据块。

（1）组织块（OB）:组织块是操作系统与用户程序之间的接口,由操作系统调用,控制用户程序的执行,CPU 中的特定事件可触发组织块的执行,组织块包括全局数据块,组织块可以调用功能块和功能,其他组织块、功能块或功能不能调用组织块。以下为三大类型组织块。

① 启动组织块:启动组织块只执行一次,一般用于初始化项目中的变量。一个项目的程序块可以添加多个启动组织块,默认启动组织块为 OB100。

② 循环组织块:是每个扫描周期都会被执行的组织块,默认的循环组织块为 OB1,一个项目中可以添加多个循环组织块,CPU 会按数字顺序从主程序循环组织块开始执行。

③ 中断组织块:中断组织块包括延时中断组织块、循环中断组织块、硬件中断组织块、时间错误中断组织块和诊断错误中断组织块。用来对内部或外部事件做出快速响应。操作系统执行完当前指令后,立即响应中断,中断执行结束后,返回到断点处继续执行循环组织块。

（2）功能（FC）:是一种可以快速执行的子程序块,包含特定任务的代码和参数,使用临时堆栈保存数据,功能退出后,临时堆栈中的变量丢失。

（3）功能块（FB）:是一种使用参数进行调用的程序块,可以多次调用,其参数存储在局部数据块,功能块退出后,保存在背景数据块内的数据不会丢失,所有的输入和输出及输入/输出参数均保存在背景数据块内。

（4）数据块（DB）:数据块包括全局数据块和背景数据块。数据块用于保存用户数据,数据块的最大存储空间大小由 CPU 的工作存储器容量决定。全局数据块可以被所有的程序块访问,结构也可以自由选用,背景数据块用于分配给特定的功能块,结构与相应的功能块接口相一致。

2. 数据指令

（1）比较指令

① 关系比较指令:用于比较两个相同类型数据的大小,比较指令实质是关系运算。比较结果是一个逻辑值,若 LAD 触点比较结果为 true,则该触点会被激活,有"能流"流过;若 LAD 触点比较结果为 false,该触点不能被激活,则没有"能流"流过。

② 范围内和范围外指令:范围内指令 IN_RANGE 和范围外指令 OUT_RANGE 可以等效为一个触点,测试输入值是在指定的值范围之内还是之外。如果比较结果为 true,则功能框输出为 true,输入参数 MIN、VAL 和 MAX 的数据类型必须相同。

（2）数据传送指令

① 移动和块移动指令:使用移动指令将数据元素复制到新的存储器地址中,并从一种数据类型转换为另一种数据类型,移动过程不会更改源数据。

② SWAP 指令:SWAP 指令用于交换 2 字节和 4 字节数据元素的字节顺序,但不改变每个字节中的位顺序,执行 SWAP 指令之后,ENO 始终为 true。

SWAP 指令交换的数据类型为 Word,则 SWAP 执行时,高低字节交换;若数据类型为 Dword,则交换 4 个字节中数据的顺序,交换后保存到 OUT 指定的地址。

③ 填充指令

（3）数据转换指令

① CONV 指令:CONV 指令用于将数据元素从一种数据类型转换为另一种数据类型,在功能框名称下方单击,然后从下拉列表中选择 IN 数据类型和 OUT 数据类型,选择（转换源）数据类型之后,（转换目标）下拉列表中将显示可能的转换项列表。

② 取整和截取指令:ROUND 用于将实数转换为整数,实数的小数部分舍入为最接近的整数值。如果 Real 数刚好是两个连续整数的一半,则 Real 数舍入为偶数。

③ 标定和标准化指令:线性标定运算会生成一些小于 MIN 参数值或大于 MAX 参数值的 OUT 值,作为 OUT 值,这些数值在 OUT 数据类型值范围内。还可能会生成一些不在 OUT 数据类型值范围内的标定数值。此时 OUT 参数值会被设置为一个中间值,该中间值等于被标定实数在最终转换为 OUT 数据类型之前的最低有效部分。

（4）移位指令

移位指令包括左移指令和右移指令,将输入单元 IN 的值左移或者右移 N 位,移位的结果保存到 OUT 单元中,对于无符号数,移位后空出位填 0,对于有符号数,左移后空出位为 0,右移空出位用符号位填空,正数的符号位为 0,负数的符号位为 1。

（5）循环移位指令

循环移位指令包括循环左移指令 ROL 和循环右移指令 ROR,循环指令用于将参数 IN 的位序列循环左移或右移,结果分配给参数 OUT。参数 N 定义循环移位的位数。

六、练习与思考

（一）判断题

1. 模块化程序是执行用于自动化任务的所有指令。（　　）

2. 如果同时到达多个中断事件,则组织块的优先级确定它们的执行顺序,具备较高优先级的组织块会先执行。（　　）

3. 一旦出现中断事件,操作系统会立即响应中断,中断执行结束后,返回到断点处继续执行循环组织块。（　　）

4. 组织块是操作系统与用户程序之间的接口,组织块由操作系统调用。（　　）

5. 功能程序块使用时,会将变量和数据存储在背景数据块中。（　　）

6. 使用移动指令将数据元素复制到新的存储器地址中,并从一种数据类型转换为另一种数据类型,移动过程不会更改源数据。（　　）

7. SWAP 指令用于交换 2 字节和 4 字节数据元素的字节顺序,也改变每个字节中的位顺序。（　　）

8. 全局数据块可以被所有的程序块访问,任何 OB、FB 或 FC 都可访问 DB 中的数据。（　　）

9. 在移位指令中,对于有符号数,左移后空出位为 0,右移后空出位用符号位填空。（　　）

10. 循环移位指令用于将参数 IN 的位序列循环左移或右移,结果分配给参数 OUT。（　　）

（二）选择题

1. 下列说法中,正确的是（　　）。

A. 组织块是操作系统与用户程序之间的接口

B. 每个组织块都需要多个编号

C. 功能块、启动事件,如诊断中断(OB82)或延时中断(>=OB123),可以启动组织块执行

D. 组织块包括全局组织块和背景组织块

2. 组织块类型不包括（　　）。

A. 启动组织块　　　　B. 中断组织块　　　　C. 全局组织块　　　　D. 循环组织块

3.（　　）能调用组织块的执行。

A. 其他组织块　　　　B. 功能　　　　C. 功能块　　　　D. 数据块

4. 如果同时到达多个中断事件,按照(　　　)确定它们的执行顺序。

A. 组织块顺序　　　　　　　　　　　　B. 组织块优先级

C. 组织块执行时间　　　　　　　　　　D. 中断组织块类型

5. 组织块与 FB 和 FC 区别不包括以下哪点?(　　　)

A. 出现事件或故障时,由操作系统调用对应的组织块

B. FB 和 FC 不是用户程序在代码块中调用的

C. 组织块中的输入参数是操作系统提供的启动信息

D. 组织块没有输出参数

6. 下列说法中,不正确的是(　　　)。

A. 函数块中有背景数据块,函数没有背景数据块

B. 只能在函数内部访问它的局部变量

C. 函数和函数块都有静态变量

D. 函数块的输出参数值与外部的输入参数有关

7. 用于将数据元素从一种数据类型转换成另一种数据类型的指令是(　　　)。

A. CONV 指令　　　　　　　　　　　　B. 取整和截取指令

C. 标定和标准化指令　　　　　　　　　D. 移位指令

8. 如果程序块执行完后需要保存数据,应使用(　　　)。

A. 组织块　　　　　　B. 功能　　　　　　C. 功能块　　　　　　D. 数据块

9. (　　　)指令可以将数据元素块复制到新地址的不中断移动。

A. MOVE　　　　　　　　　　　　　　　B. MOVE_BLK

C. UMOVE_BLK　　　　　　　　　　　　D. COUNT

10. Word 变量类型的 SHL 指令,输入 MW0 为 1110001010101101,第三次执行指令,输出 MW2 的值为(　　　)。

A. 1100010101011010　　　　　　　　　B. 1000101010110100

C. 0001010101101000　　　　　　　　　D. 0010101011010000

(三) 填空题

1. 背景数据块中的数据是函数块的_____中的参数和数据。

2. 在梯形图中调用函数和函数块时,方框内是块的_____,方框外是对应的实参。

3. 三大类型组织块分别为:启动组织块、_____和中断组织块。

4. 数据块用于保存用户数据,数据块的最大存储空间大小由_____的工作存储器容量决定。

5. 功能程序块没有分配给他的背景数据块,功能使用_____临时保存数据。

(四) 思考题

1. 简述功能和功能块的区别。

2. PLC 中怎样实现多重背景?

天塔之光模拟模块

一、项目目标

1. 学习 PLC 简单逻辑控制。
2. 具备对天塔之光控制系统的设计能力。
3. 具备对天塔之光控制系统的调试能力。

二、项目任务

1. 项目任务背景

近年来,随着时代的发展与科学水平的进步,加强对 PLC 技术的研究具有重要意义。原来的艺术灯饰控制系统常采用继电器逻辑控制或电子逻辑控制装置,这种控制方式存在着硬件布线复杂,安装和维护也不方便,灵活性差,可靠性不高的缺点,尤其是在实现多层次的大中型艺术灯饰的控制上工作量很大。本项目采用 PLC 来实现艺术照明灯的自动控制,具有工作量少,接线简单,工作可靠,易于修改闪动次数和亮灭持续时间的优点,减少扫描时间,这是 PLC 编程必须遵循的原则,这种设计可以满足各种造型要求,收到良好的视觉效果。PLC 是目前工业控制中使用最为普通的一种,近年来在工业自动控制、机电一体化以及改造传统产业等方面得到广泛的应用,被誉为现代工业生产自动化的三大支柱之首。

思政小课堂

耐　心

耐心,具有很大的能量,是一种不惧风雨、不畏艰险的勇气,更是一种莫问前程凶吉、但求落幕无悔的坚定,是对自己和未来充满信心。耐心,是不急躁,不厌烦,不逾矩,不强求,默默耕耘,踽踽独行,虽有风雨,却满怀希望静候佳音。本项目在设计和调试天塔之光控制系统时需要有耐心,耐心不仅能帮助你解决棘手的问题,还能帮你获得感激、信任等美好的心意。因此,我们做事一定要有恒心和耐心。只有这样,才能获得成功。

2. 项目任务所需设备

本项目所需设备包括 S7－1200PLC 和天塔之光模块（由亚克力板、指示灯、电路板等组成），天塔之光模拟模块如图 3－1 所示。

图 3－1　天塔之光模拟模块

3. 项目任务描述

本项目主要任务是设计一个天塔之光，天塔之光是由 9 个指示灯组成，控制指示灯的点亮及熄灭，呈现灯光从外圈向内圈闪烁。功能要求如下。

【微信扫码】
天塔之光模拟模块任务描述

（1）开始最外圈 4 个灯亮，然后内圈 4 个灯亮，最后最里面 1 个灯亮，如此循环。

（2）通过触摸屏启动按钮能够实现天塔之光的启动。

（3）通过触摸屏停止按钮能够实现天塔之光的停止。

三、项目实施

（一）解决方案一

1. 建立全局变量 DB 块

定义全局变量，如图 3－2 所示，可以被本程序所有对象或函数引用，全局变量分别为：启动状态，数据类型为 Boolean，初始值为 false；转换值，数据类型为 Word。

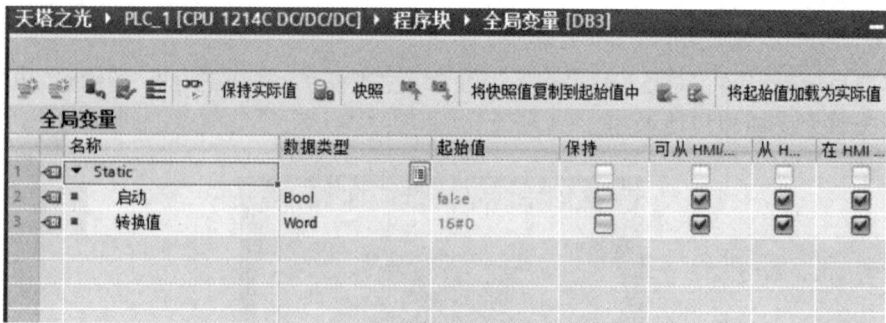

图 3-2 建立全局变量

2. 程序设计

（1）程序段 1：设计启动按钮，按下启动按钮后，启动 5 s 的定时循环，如图 3-3 所示。

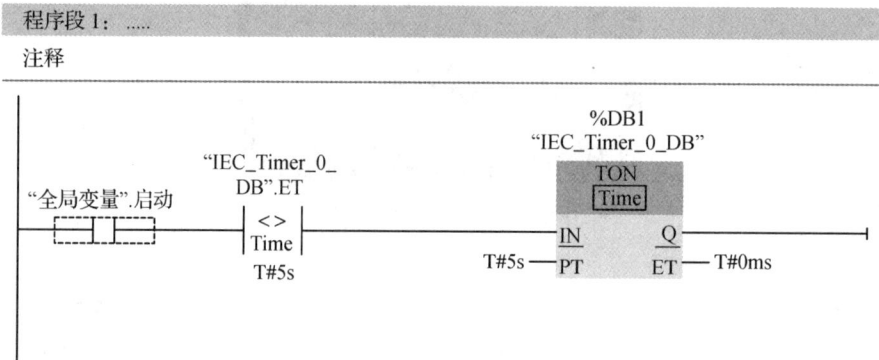

图 3-3 程序段 1

（2）程序段 2：设置在每个时间段内将二进制的数值赋值给转换值，如图 3-4 所示。

（3）程序段 3：转换值转换之后，将数值输送到连接天塔之光的输入/输出端，如图 3-5 所示。

3. 系统调试

（1）按照天塔之光控制系统外部接线图接好线，将程序输入 PLC 中并运行。

（2）将模式选择开关断开，按下启动按钮，观察 PLC 运行情况。

4. 项目注意事项

（1）检查计算机与硬件调试系统的网络电缆是否接好。

（2）编写的程序必须经过模拟调试，经过反复调试和修改，使程序满足控制要求。

（3）接通总电源，将上述程序输入 PLC 中并运行，分别按下启动按钮和停止按钮，观察天塔之光的运行情况。在调试前要制定周密的调试计划，以免由于工作的盲目性而隐蔽了故障隐患，从而保证 PLC 程序的完整性和可靠性。

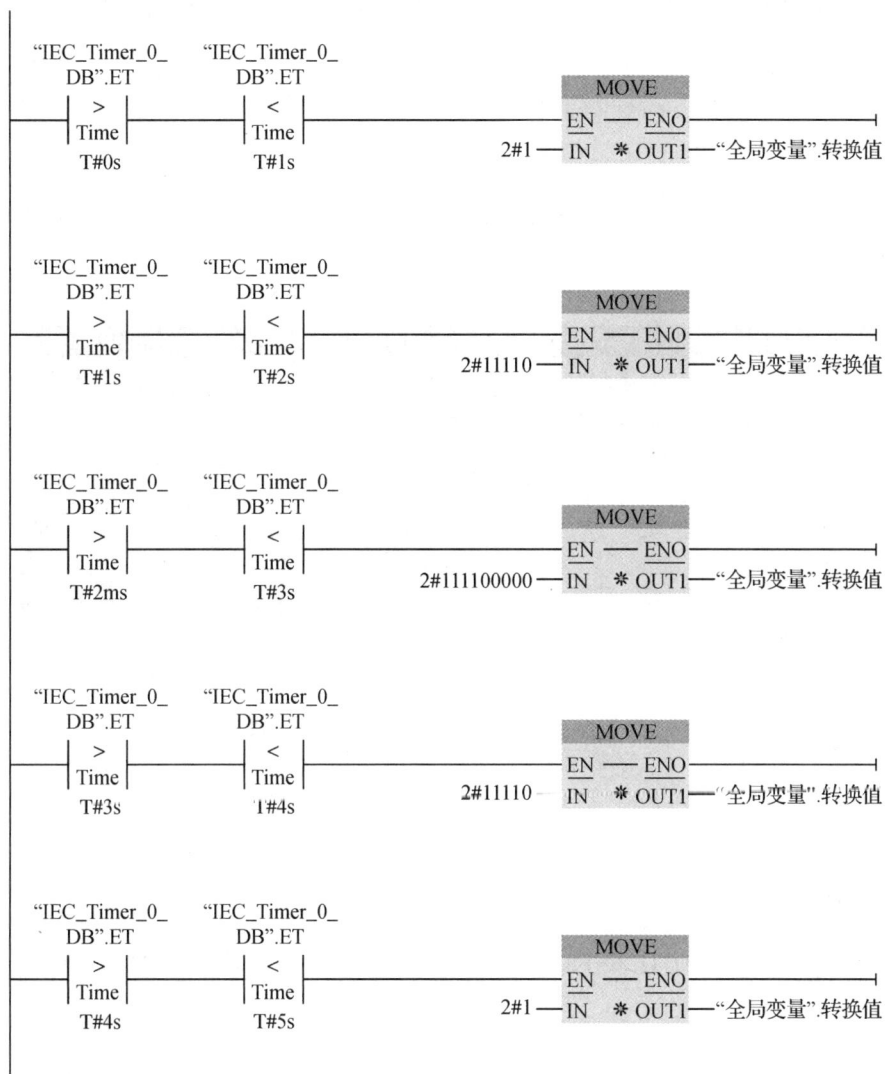

图 3-4　程序段 2

程序段 3：.....

注释

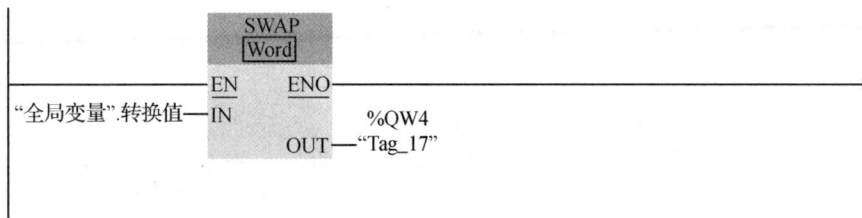

图 3-5　程序段 3

（4）程序调试完毕，必须实际运行一段时间，以确认程序是否真正达到控制要求。

（二）解决方案二

1. 新建 PLC 变量表

在项目树的 PLC 变量中添加新表量表——天塔之光，并将变量分配给相应的 I/O 地址，如图 3-6 所示。

		名称 ▲	数据类型	地址	保持	从 H…	从 H…	在 H…
1		L1	Bool	%Q0.0		☑	☑	☑
2		L2	Bool	%Q0.1		☑	☑	☑
3		L3	Bool	%Q0.2		☑	☑	☑
4		L4	Bool	%Q0.3		☑	☑	☑
5		L5	Bool	%Q0.4		☑	☑	☑
6		L6	Bool	%Q0.5		☑	☑	☑
7		L7	Bool	%Q0.6		☑	☑	☑
8		L8	Bool	%Q0.7		☑	☑	☑
9		L9	Bool	%Q1.0		☑	☑	☑
10		启动	Bool	%I1.3		☑	☑	☑
11		停止	Bool	%I1.4		☑	☑	☑

图 3-6　天塔之光变量表

2. 程序设计

（1）程序段 1：将地址 I1.3 分配给启动按钮，启动 5 s 的定时循环，I1.4 分配给停止按钮，如图 3-7 所示。

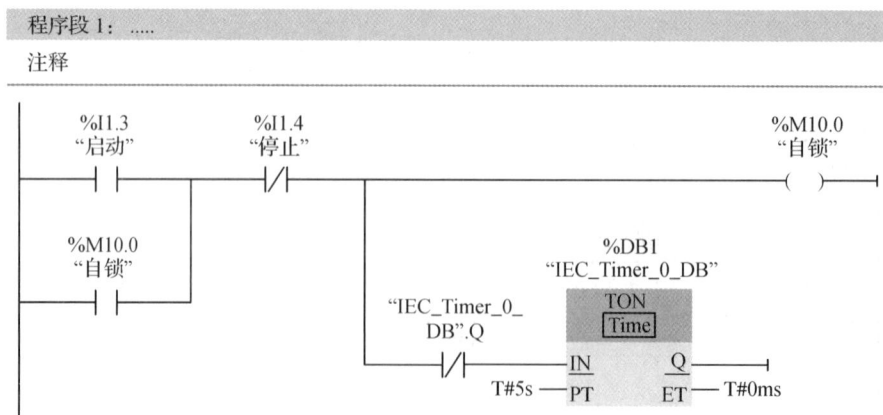

图 3-7　程序段 1

(2) 程序段 2：设置 0—1 s 和 4—5 s 天塔之光模块的控制要求，当按下启动按钮，信号灯开始工作，在 0—1 s 和 4—5 s 时，信号灯 L6、L7、L8、L9 常亮，如图 3-8 所示。

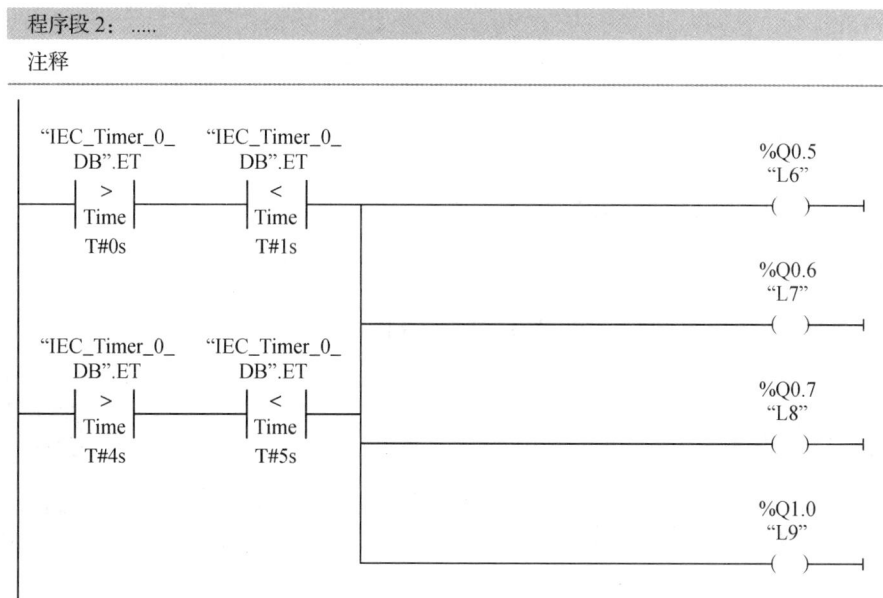

图 3-8　程序段 2

(3) 程序段 3：设置 1—2 s 和 3—4 s 天塔之光模块的控制要求，在 1—2 s 和 3—4 s 时，信号灯 L2、L3、L4、L5 常亮，如图 3-9 所示。

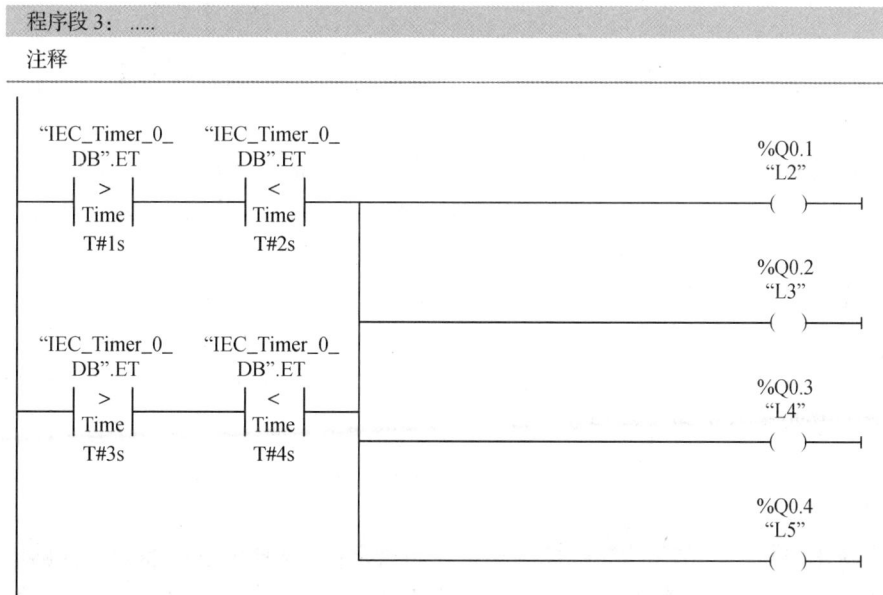

图 3-9　程序段 3

（4）程序段 4：设置 2—3 s 天塔之光模块的控制要求，在 2—3 s 时，信号灯 L1 常亮，如图 3-10 所示。

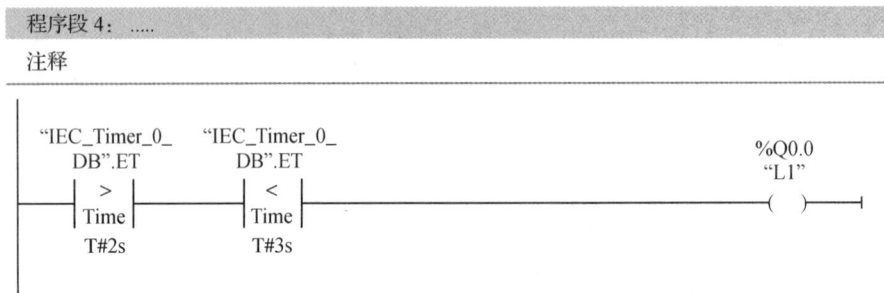

图 3-10　程序段 4

四、项目拓展

1. PLC 控制系统设计的基本步骤

（1）对控制任务做深入的调查研究。弄清哪些是 PLC 的输入信号，是模拟量还是开关量信号；用什么方式来获取信号；弄清哪些是 PLC 的输出信号；通过什么执行元件去驱动负载；弄清整个工艺过程和欲完成的控制内容；了解运动部件的驱动方式，是液压、气动还是电动；了解系统是否有周期运行、单周期运行、手动调整等控制要求等；了解哪些量需要监控、报警、显示；是否需要故障诊断，需要哪些保护措施等；了解是否有通信联网要求等。

（2）确定系统总体设计方案。在深入了解控制要求的基础上，确定电气控制总体方案。

（3）确定系统的硬件构成。确定主回路所需的各电器，确定输入、输出元件的种类和数量；确定保护、报警、显示元件的种类和数量；计算所需 PLC 的输入/输出点数，并参照其他要求选择合适的 PLC 机型。

（4）确定 PLC 的 I/O 分配。确定各输入/输出元件并进行 PLC 的 I/O 端口分配。

（5）设计应用程序。根据控制要求，拟订几个设计方案，经比较后选择出最佳编程方案；当控制系统较复杂时，可分成多个相对独立的子任务，分别对各子任务进行编程，最后将各子任务的程序合理地连接起来。

（6）程序调试。编写的程序必须先进行模拟调试，经过反复调试和修改，使程序满足控制要求。

（7）制作控制柜。在开始制作控制柜及控制盘之前，要画出电气控制主回路电路图；要全面地考虑各种保护、连锁措施等问题；在控制柜布置和敷线时，要采取有效的措施抑制各种干扰信号；要注意解决防尘、防静电、防雷电等问题。

（8）现场调试。调试前要制定周密的调试计划，以免由于工作的盲目性而隐藏了故障隐患,从而保证 PLC 程序的完整性和可靠性;程序调试完毕,必须实际运行一段时间,以确认程序是否真正达到控制要求。

(9)编制技术文件。整理程序清单并保存程序,编写元件明细表,整理电气原理图及主回路电路图,整理相关的技术参数,编写控制系统说明书等。

2. PLC 主要技术指标

可编程控制器的种类很多,用户可以根据控制系统的具体要求选择不同技术性能指标的 PLC。可编程控制器的技术性能指标主要有以下几个方面。

(1)输入/输出点数:可编程控制器的 I/O 点数指外部输入、输出端子数量的总和。它是描述的 PLC 大小的一个重要的参数。

(2)存储容量:PLC 的存储器由系统程序存储器、用户程序存储器和数据存储器三部分组成。PLC 存储容量通常指用户程序存储器和数据存储器容量之和,表示系统提供给用户的可用资源,是系统性能的一项重要技术指标。

(3)扫描速度:可编程控制器采用循环扫描方式工作,完成 1 次扫描所需的时间叫作扫描周期。影响扫描速度的主要因素有用户程序的长度和 PLC 产品的类型。PLC 中 CUP 的类型、机器字长等直接影响 PLC 运算精度和运行速度。

(4)指令系统:是指 PLC 所有指令的总和。可编程控制器的编程指令越多,软件功能就越强,但掌握应用也相对较复杂。用户应根据实际控制要求选择合适指令功能的可编程控制器。

(5)通信功能:通信有 PLC 之间的通信和 PLC 与其他设备之间的通信。通信主要涉及通信模块、通信接口、通信协议和通信指令等内容。PLC 的组网和通信能力也已成为 PLC 产品水平的重要衡量指标之一。厂家的产品手册还提供 PLC 的负载能力、外形尺寸、重量、保护等级、适用的安装和使用环境如温度、湿度等性能指标参数,供用户参考。

五、知识库

1. PLC 按 I/O 点数容量分类

一般来说,PLC 处理的 I/O 点数比较多,反映控制关系比较复杂,用户要求的程序存储器容量比较大,要求 PLC 的指令及其他功能比较多,指令执行的过程比较快等。按 PLC 的输入输出点数可将 PLC 分为三大类。

(1)小型机:小型 PLC 的功能一般以开关量控制为主,其输入、输出总数在 256 点以下,用户程序存储器容量在 4 KB 以下。现在的高性能小型机还具有一定的通信能力和少量的模拟量处理能力。这类 PLC 价格低廉,体积小,适合于控制单台设备,开发机电一体化产品。典型的小型机有 OMRON 公司的 CPM2A 系列、SIEMENS 公司的 S7-200 系列、MITSUBISHI 公司的 FX 系列和 AB 公司的 SL500 系列等整体式 PLC 等产品。

(2)中型机:中型 PLC 的输入、输出总点数在 256—2 048 点之间,用户程序存储器容量达到 2—8 KB。中型 PLC 不仅具有开关量和模拟量的控制功能,还具有更强的数字计算能力,它的通信功能和模拟量处理能力更强大。中型机的指令比小型机更丰富,适用于更复杂的逻辑控制系统以及连续生产过程控制场合。典型的中型机有 SIEMENS 公司的 S-300 系列、OMRON 公司的 C200H 系列、AB 公司的 SLC500 系列模块式 PLC 等产品。

(3) 大型机:大型 PLC 的输入、输出总点数在 2 048 点以上,用户程序存储其容量通常在数 KB 到数 MB 之间,不同型号会有所不同。大型 PLC 的性能已经与工业控制计算机相当,它具有计算、控制和调节的功能,还具有很强的网络结构和通信联网能力。它的监视采用 CRT 显示,能够表示过程动态流程,记录各种曲线,PID 调节参数选择图;它配备多种智能板,构成一个多功能系统。这种系统还可以和其他型号的 PLC 互联,和上位机相连,组成一个集中分布的生产过程和产品质量控制系统。大型机适用于设备自动化控制、过程自动化控制和过程监控系统。典型的大型 PLC 有 SIEMENS 公司的 S7-400 系列、OMRON 公司的 CVM1 和 CS1 系列、AB 公司的 SLC5/05 系列等产品。上述划分没有严格的界限,随着 PLC 技术的飞速发展,某些小型 PLC 也具备中型机和大型机的功能,这也是 PLC 的发展趋势。

2. PLC 按结构形式分类

按 PLC 物理结构形式的不同,可分为整体式(也称单元式)和组合式(也称模块式)两类。

(1) 整体式结构:整体式结构的 PLC 是将中央处理器(CPU)、存储器、输入单元、电源、通信端口、I/O 扩展端口等组装在一个箱体内构成主机。另外还有独立的 I/O 扩展单元等通过扩展电缆与主机上的扩展端口相连,以构成 PLC 不同配置与主机配合使用。整体式结构的 PLC 结构紧凑、体积小、成本低、安装方便。小型机常用这种结构。

(2) 组合式结构:这种结构的 PLC 是将 CPU、输入单元、输出单元、电源、智能 I/O 单元,通信单元等分别做成相应的电路板和扩展模块。组合式的特点是配置灵活,输入接点、输出接点的数量可以自由选择,各种功能模块可以依需要灵活配置。大中型 PLC 常用组合式结构。

3. PLC 的控制

PLC 是一种专门为在工业环境下应用而设计的数字运算操作的电子装置,它采用可编程存储器,在其内部执行逻辑运算、计时、计数和算数运算等操作指令,并能控制各种类型的机械或生产过程,PLC 可便捷扩展功能,其控制系统可连接步进电动机或伺服电动机,实现对各种机械的位置和运行控制。

⊞ 小知识 ┄┄

PLC 的特点

编程方法简单易学;功能强、性价比高;硬件配套齐全、用户使用方便、适应性强;可靠性高、抗干扰能力强;系统设计、安装、调试工作量少;维修工作量小、维修方便;体积小、能耗低。但是 PLC 的体系结构是封闭的,当用户选择了一种 PLC 产品后,必须选择与之配套的硬件模块,并且学习特定的编程语言。

六、练习与思考

(一) 判断题

1. PLC 使用了大量的中间继电器、时间继电器。(　　)

2. 按照输入/输出点数分类,I/O 点数为 244 属于中型 PLC。(　　)

3. 大型 PLC 能进行数学计算,PID 调节,整数、浮点运算和二进制、十进制转换运算。(　　)

4. 指令的种类和数量决定了用户编制程序的方式和 PLC 的处理能力和控制能力。(　　)

5. 为了扩展方便,大中型 PLC 和部分小型 PLC 常采用整体式结构。(　　)

6. 计算机数据通信分为串行通信和并行通信,串行通信又分为同步通信和异步通信。(　　)

7. PLC 的三种输出方式为继电器、晶体管、晶闸管。(　　)

8. PLC 支持的编程语言包括梯形图、功能块图、语句表。(　　)

9. 在 PLC 的工作过程中,用户程序的执行在出错处理中完成。(　　)

10. PLC 的输出信号相对输入信号滞后的现象,称为输入/输出信号的延迟。(　　)

(二) 选择题

1. 下列说法中,正确的是(　　)。

A. PLC 的工作过程可以分为输入采样阶段和程序执行阶段 2 个基本阶段

B. 可编程序控制器主要由存储单元、接口单元和电源单元组成

C. 梯形图必须符合顺序执行原则,自左而右执行

D. PLC 的软件由系统程序和用户程序两大部分组成

2. 以下哪些选项不属于 PLC 的主要特点?(　　)

A. 功能强、性价比低 　　　　　　　　 B. 用户适应性强

C. 抗干扰能力强 　　　　　　　　　　 D. 体积小、能耗低

3. 以下哪些选项不属于 PLC 支持的程序语言?(　　)

A. 梯形图 　　　　　　　　　　　　　 B. 指令表

C. 格式文本 　　　　　　　　　　　　 D. 功能图

4. PLC 在输出扫描阶段,将(　　)寄存器中的内容复制到输出接线端。

A. 输入映像 　　　　　　　　　　　　 B. 输出映像

C. 变量存储器 　　　　　　　　　　　 D. 内部存储器

5. 可编程控制器的技术性能指标不包括以下哪项？（　　　）

A. 存储容量　　　　　　　　　　　　　　B. 扫描速度

C. 控制系统　　　　　　　　　　　　　　D. 输入/输出点数

6. 以下几种类型的中断事件中，优先级最高的是（　　　）。

A. I/O 中断　　　　　　　　　　　　　　B. 编程中断

C. 通信中断　　　　　　　　　　　　　　D. 时间中断

7. 下列选项中影响 PLC 扫描周期的因素不包括以下哪项？（　　　）

A. I/O 点数　　　　　　　　　　　　　　B. PLC 硬件配置

C. CPU 的运算速度　　　　　　　　　　　D. 系统程序

8. 下列对 PLC 输入继电器的描述正确的是（　　　）。

A. 输入继电器的线圈只能由外部信号来驱动

B. 输入继电器的线圈只能由程序来驱动

C. 输入继电器的线圈既可以由外部信号来驱动又可以由程序来驱动

D. 输入继电器的线圈既不可以由外部信号来驱动又不可以由程序来驱动

9. 下列不属于 PLC 硬件系统组成的是（　　　）。

A. 用户程序　　　　　　　　　　　　　　B. 输入/输出接口

C. 中央处理单元　　　　　　　　　　　　D. 通信接口

10. PLC 通常的结构形式不包括（　　　）。

A. 单元式　　　　　　　　　　　　　　　B. 模块式

C. 叠装式　　　　　　　　　　　　　　　D. 兼容式

（三）填空题

1. PLC 的工作方式为_____。

2. PLC 程序梯形图执行原则为_____。

3. 计算机数据通信分为串行通信和_____。

4. 按结构形式分类，PLC 可分为整体式和_____两种。

5. PLC 与现场信号之间的联系通过_____来实现。

（四）思考题

1. 简述 PLC 的主要特点。

2. 简述 PLC 的工作原理。

项目四　　**自动送料装车模拟模块**

【微信扫码】
自动送料装车模拟模块

一、项目目标

1. 学习 PLC 逻辑控制。
2. 掌握自动送料装车模拟模块编程、调试、操作。

二、项目任务

1. 项目任务背景

随着科学技术的日新月异,自动化程度要求越来越高,原有的生产装料装置远远不能满足当前高度自动化的需要。传统的运料小车大都是由继电器控制,而继电器控制有着接线繁多、故障率高且维护维修不易等缺点。作为目前国内控制市场上的主流控制器,PLC 在市场、技术、行业影响等方面有重要作用,利用 PLC 控制来代替继电器控制已是大势所趋。自动送料装车模块是集成自动控制技术、计量技术、新传感器技术、计算机管理技术于一体的机电一体化产品。自动送料车是一种自动化的材料输送设备,相比于传统送料机操作更加简便、自动化程度更高,广泛应用于轻、重工业零件的冲压。冲床自动送料机操作简单方便,精度高,操作时只要在触摸屏上设置好进给量,伺服系统自动按照提前设定好的数值确定每次的进给长度,而无需每次调整,采用该机器可以大大减轻操作者的劳动强度,提供生产效率。

🖥 **思政小课堂** ···

科学精神

在面向《全民科学素质行动规划纲要(2021—2035 年)》、面向 2035 年国家发展目标、面向《中国制造 2025》及新一轮科技革命和工业革命的大背景下,着眼于科学精神与工匠精神的"知"—"化"—"用"—"传"等环节,弘扬科学精神与工匠精神的必要性,探究科学精神与工匠精神融合的理论基础、实践创生与拓展机制,以及整体提升我国文化软实力和创造力。通过本项目,在学生掌握 PLC 控制技术的同时,使课程教学成为引导学生学习知识,锤炼心智的工具。

2. 项目任务所需设备

本项目自动送料装车模块是由 10 个状态指示灯、5 个状态按钮、亚克力板、牛角头、电路板等组成,控制指示灯的点亮及熄灭,通过实验模拟真实的自动送料装车流程,模拟完成由 3 条传送带组成模拟在物流矿车等行业中的自动送料、自动传输、自动装车的功能,自动送料装车模拟模块如图 4-1 所示。

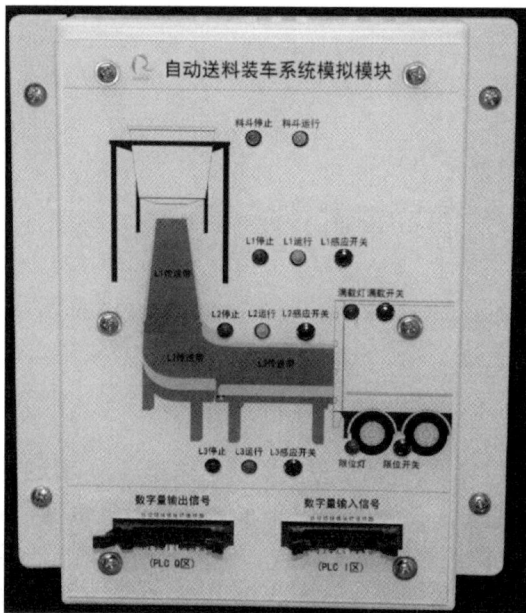

图 4-1　自动送料装车模拟模块

3. 项目任务描述

本项目主要任务是设计一个自动送料装车系统,自动送料装车模块是由 10 个状态指示灯、5 个状态按钮组成,控制指示灯的点亮及熄灭,完成实验模拟真实的自动送料装车流程。功能要求如下。

（1）初始状态料斗停止、L1 停止、L2 停止、L3 停止、满载灯不亮、限位灯不亮。

（2）当料车触发限位开关后,限位灯点亮、料斗运行,L1 感应开关感应到物料后 L1 运行、L2 和 L3 同 L1。

（3）料车满载后满载灯亮,料斗停止 L1、L2、L3 停止、限位灯灭。

【微信扫码】
自动送料装车模拟
模块任务描述

三、项目实施

(一) 解决方案一

1. 建立 FB 块

建立自动送料装车系统功能块,如图 4-2 所示,将特定的功能打包成一个块,可以在程序中重复调用,提高了程序开发效率。

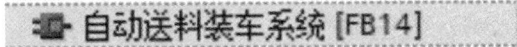

图 4-2　建立 FB 块

2. 定义变量

根据设计要求,定义 PLC 变量,如图 4-3 所示。

		名称	数据类型	默认值	保持		可从 HMI/	从 H	在 HMI
1		▼ Input							
2		启动	Bool	false	非保持		☑	☑	☑
3		停止	Bool	false	非保持		☑	☑	☑
4		L1感应开关	Bool	false	非保持		☑	☑	☑
5		L2感应开关	Bool	false	非保持		☑	☑	☑
6		L3感应开关	Bool	false	非保持		☑	☑	☑
7		满载开关	Bool	false	非保持		☑	☑	☑
8		限位开关	Bool	false	非保持		☑	☑	☑
9		▼ Output							
10		<新增>							
11		▼ InOut							
12		三色灯-绿	Bool	false	非保持		☑	☑	☑
13		三色灯-黄	Bool	false	非保持		☑	☑	☑
14		料斗停止	Bool	false	非保持		☑	☑	☑
15		料斗运行	Bool	false	非保持	▼	☑	☑	☑
16		L1停止	Bool	false	非保持		☑	☑	☑
17		L1运行	Bool	false	非保持		☑	☑	☑
18		L2停止	Bool	false	非保持		☑	☑	☑
19		L2运行	Bool	false	非保持		☑	☑	☑
20		L3停止	Bool	false	非保持		☑	☑	☑
21		L3运行	Bool	false	非保持		☑	☑	☑
22		满载灯	Bool	false	非保持		☑	☑	☑
23		限位灯	Bool	false	非保持		☑	☑	☑
24		▼ Static							
25		流程	Int	0	非保持		☑	☑	☑
26		1	Array[0..9] of Bool		非保持		☑	☑	☑
27		IEC_Timer_0_Instance	TON_TIME		非保持		☑	☑	☑

图 4-3　定义变量

3. 程序设计

自动送料装车模块的梯形图,如图 4 - 4 至图 4 - 12 所示。

程序段1: .....
注释

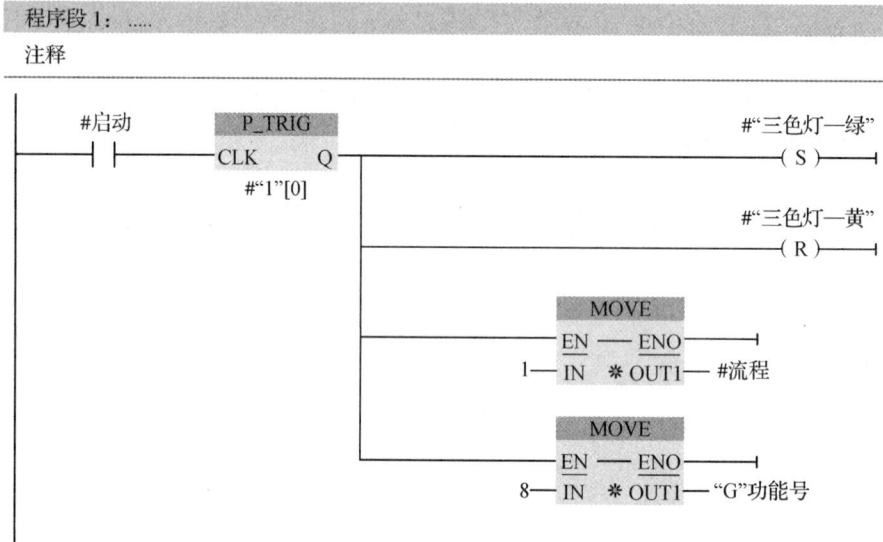

图 4 - 4 程序段 1

程序段2: .....
注释

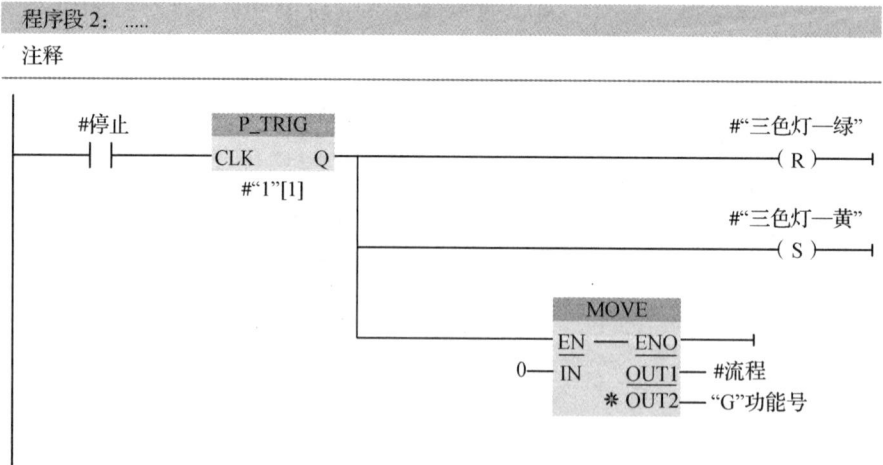

图 4 - 5 程序段 2

程序段3: .....
注释

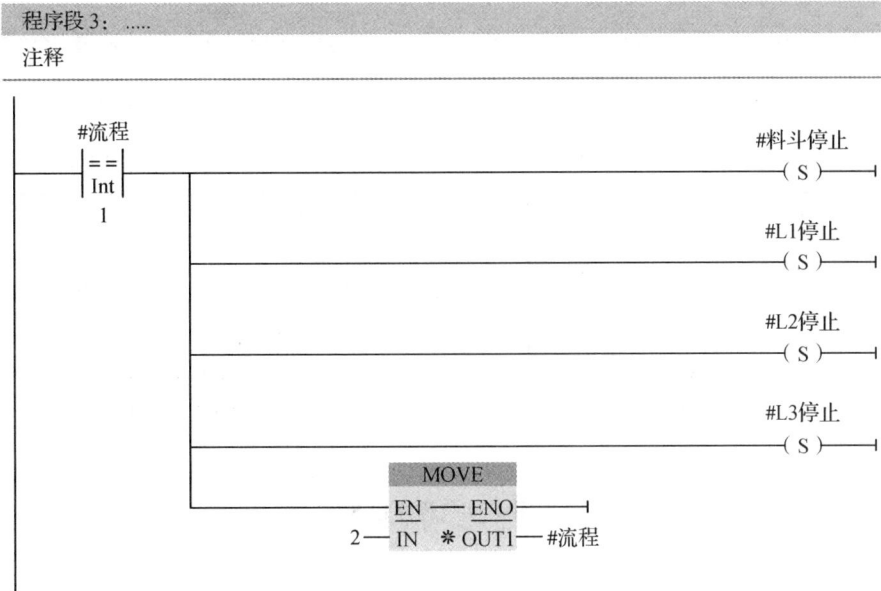

图 4 - 6   程序段 3

程序段4: .....
注释

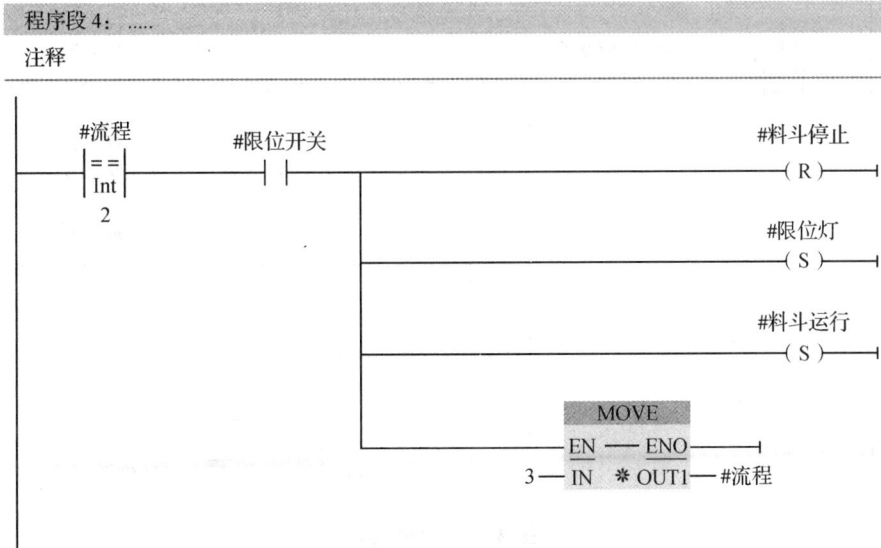

图 4 - 7   程序段 4

程序段 5: .....

注释

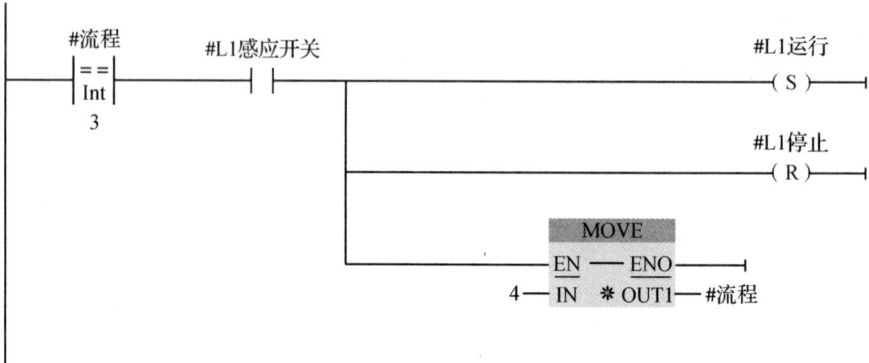

图 4-8　程序段 5

程序段 6: .....

注释

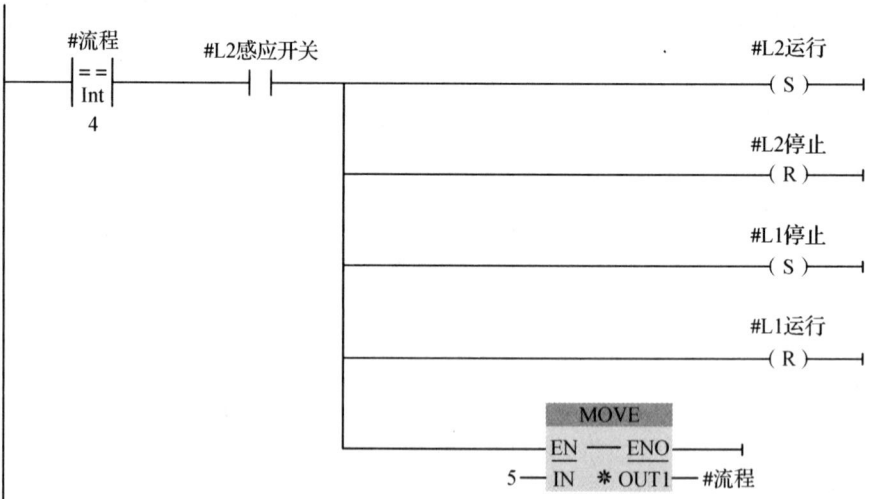

图 4-9　程序段 6

程序段7：……

注释

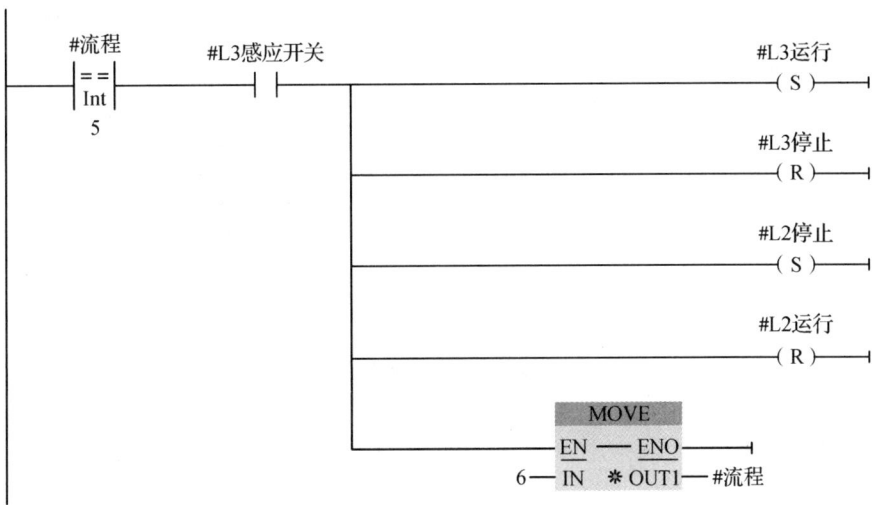

图 4-10　程序段 7

程序段8：……

注释

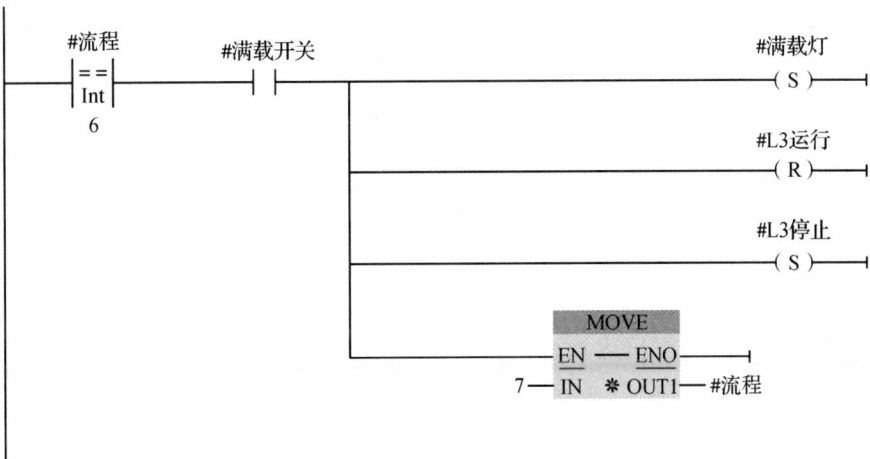

图 4-11　程序段 8

程序段9：.....

注释

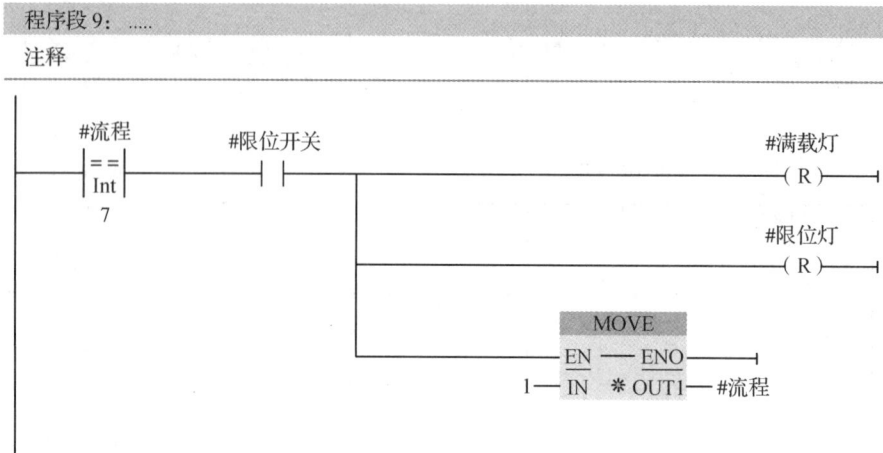

图4-12 程序段9

4. 项目注意事项

（1）选择好 PLC 的类型，根据接线图将 PLC 与实验板正确接线。

（2）编写的程序必须经过模拟调试，经过反复调试和修改，使程序满足控制要求。

（3）经检查无误后，接通总电源，将上述程序输入软件中并运行，观察程序运行过程中各个触点开合情况。在调试前要制定周密的调试计划，以免由于工作的盲目性而隐蔽了故障隐患，从而保证 PLC 程序的完整性和可靠性。

（4）程序调试完毕，必须实际运行一段时间，以确认程序是否真正达到控制要求。

（二）解决方案二

1. 新建 PLC 变量表

在项目树的 PLC 变量中添加新表量表——自动送料装车，将变量分配给相应的 I/O 地址，并新建数据块 DB1 过程量，如图 4-13 所示。

2. 程序设计

（1）将地址 I1.3 分配给启动按钮，初始状态料斗停止、L1 停止、L2 停止、L3 停止、满载灯不亮、限位灯不亮。I1.4 分配给停止按钮，如图 4-14 程序段 1 和图 4-15 程序段 2 所示。

自动送料装车模块 ▶ PLC_1 [CPU 1214C DC/DC/DC] ▶ PLC 变量 ▶ 自动送料装车 [17]

自动送料装车

		名称	数据类型	地址	保持	从 H...	从 H...	在 H...
1		料斗停止	Bool	%Q0.0		☑	☑	☑
2		料斗运行	Bool	%Q0.1		☑	☑	☑
3		L1停止	Bool	%Q0.2		☑	☑	☑
4		L1运行	Bool	%Q0.3		☑	☑	☑
5		满载灯	Bool	%Q0.4		☑	☑	☑
6		L2停止	Bool	%Q0.5		☑	☑	☑
7		L2运行	Bool	%Q0.6		☑	☑	☑
8		限位灯	Bool	%Q0.7		☑	☑	☑
9		L3停止	Bool	%Q1.0		☑	☑	☑
10		L3运行	Bool	%Q1.1		☑	☑	☑
11		L1感应开关	Bool	%I0.3		☑	☑	☑
12		满载开关	Bool	%I0.4		☑	☑	☑
13		L2感应开关	Bool	%I0.5		☑	☑	☑
14		限位开关	Bool	%I0.6		☑	☑	☑
15		L3感应开关	Bool	%I0.7		☑	☑	☑
16		启动	Bool	%I1.3		☑	☑	☑
17		停止	Bool	%I1.4		☑	☑	☑

自动送料装车模块 ▶ PLC_1 [CPU 1214C DC/DC/DC] ▶ 程序块 ▶ 过程量 [DB1]

过程量 保持实际值 快照 将快照值复制到起始值中 将起

过程量

		名称	数据类型	起始值	保持	从 HMI/OPC...
1		▼ Static			☐	☐
2		流程	Int	0	☐	☑

图 4-13　自动送料装车变量表

程序段 1：……

注释

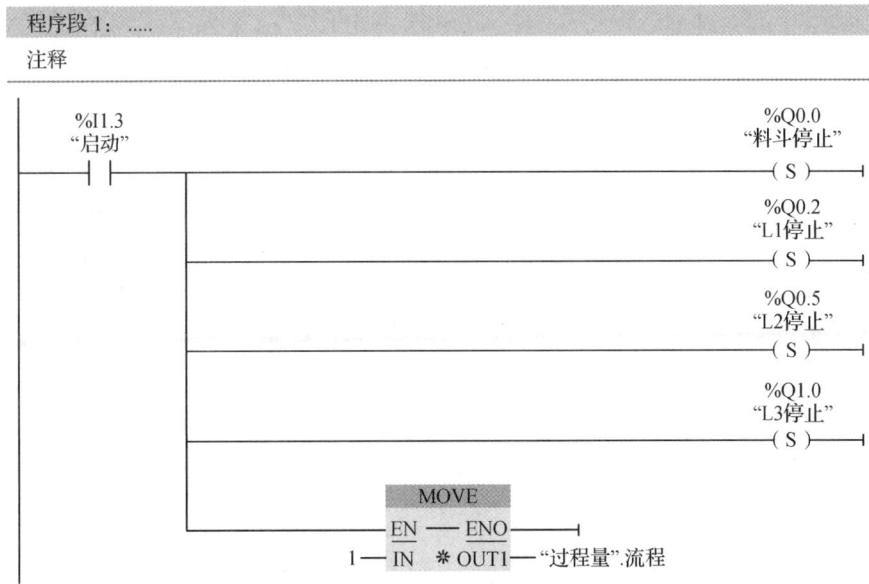

图 4-14　程序段 1

程序段2：......
注释

```
%I1.4                                                %Q0.0
"停止"                                                "料斗停止"
 ┤├──────┬─────────────────────────────────────────────( R )
         │                                           %Q0.1
         │                                           "料斗运行"
         ├─────────────────────────────────────────────( R )
         │                                           %Q0.2
         │                                           "L1停止"
         ├─────────────────────────────────────────────( R )
         │                                           %Q0.3
         │                                           "L1运行"
         ├─────────────────────────────────────────────( R )
         │                                           %Q0.4
         │                                           "满载灯"
         ├─────────────────────────────────────────────( R )
         │                                           %Q0.5
         │                                           "L2停止"
         ├─────────────────────────────────────────────( R )
         │                                           %Q0.6
         │                                           "L2运行"
         ├─────────────────────────────────────────────( R )
         │                                           %Q0.7
         │                                           "限位灯"
         ├─────────────────────────────────────────────( R )
         │                                           %Q1.0
         │                                           "L3停止"
         ├─────────────────────────────────────────────( R )
         │                                           %Q1.1
         │                                           "L3运行"
         └─────────────────────────────────────────────( R )
```

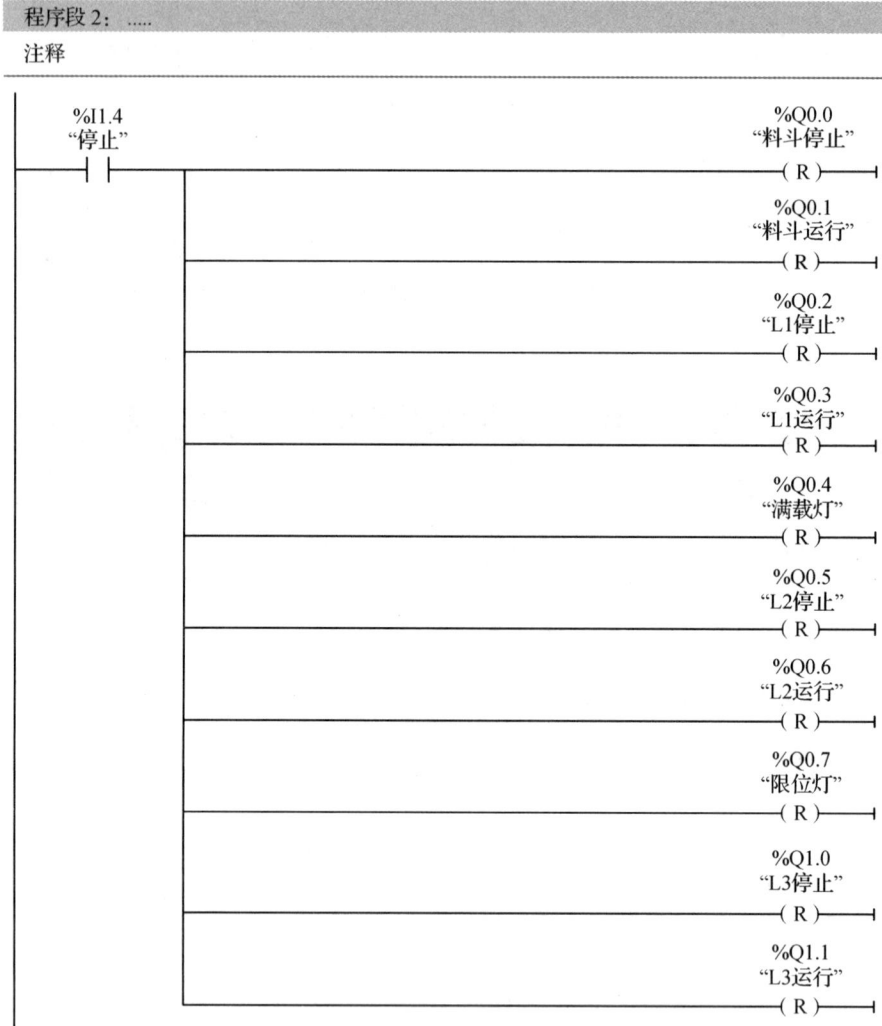

图 4 - 15 程序段 2

（2）当料车触发限位开关后，限位灯亮，料斗运行，如图 4-16 程序段 3 所示。

程序段 3：.....
注释

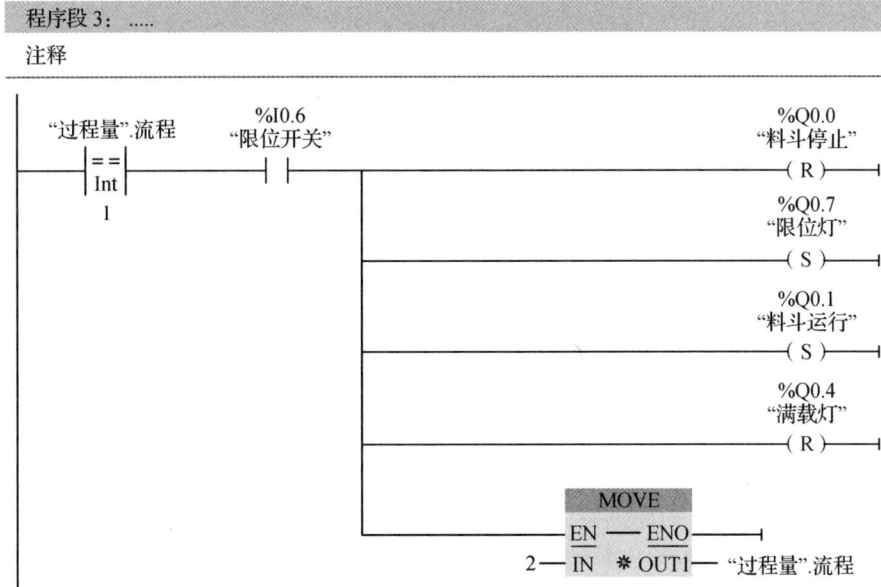

图 4-16　程序段 3

（3）L1 感应开关感应物料后 L1 运行，L2 感应开关感应物料后 L2 运行，L3 感应开关感应物料后 L3 运行，如图 4 - 17 程序段 4 所示。

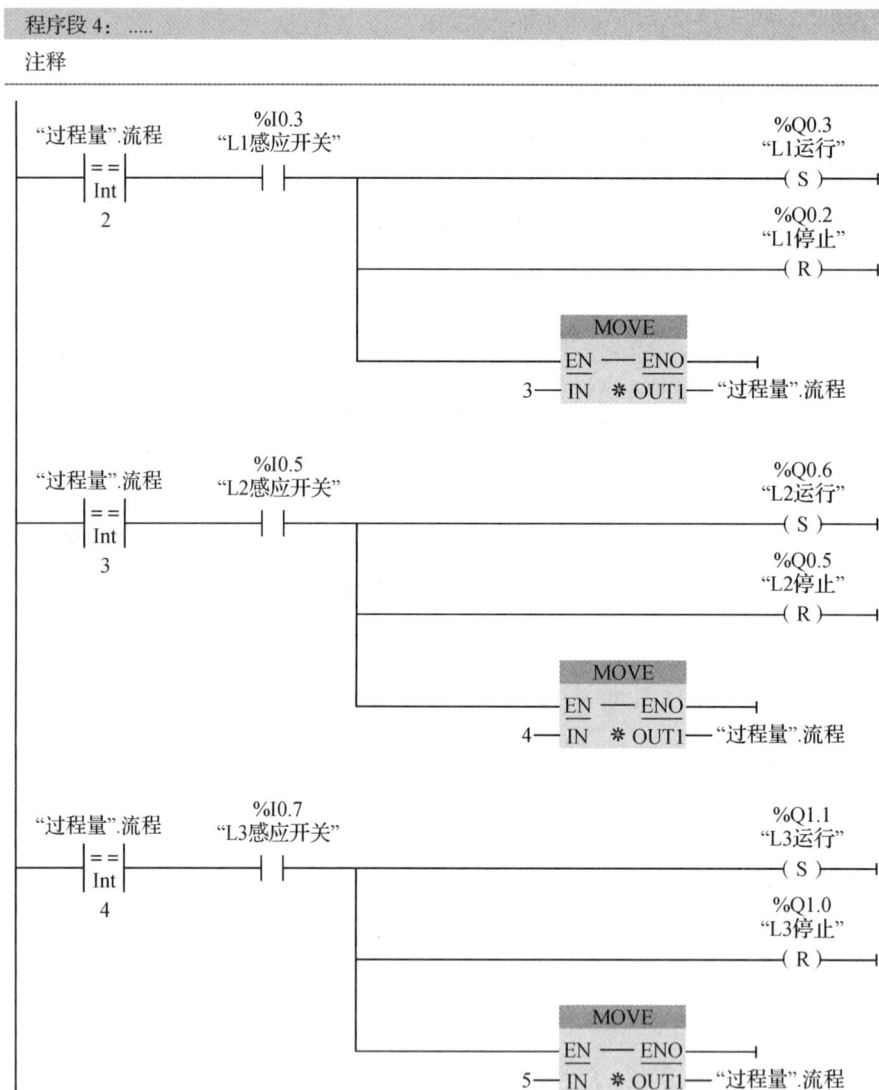

图 4 - 17　程序段 4

（4）料车满载后满载灯亮，料斗停止、L1、L2、L3停止，限位灯灭，如图4-18程序段5所示。

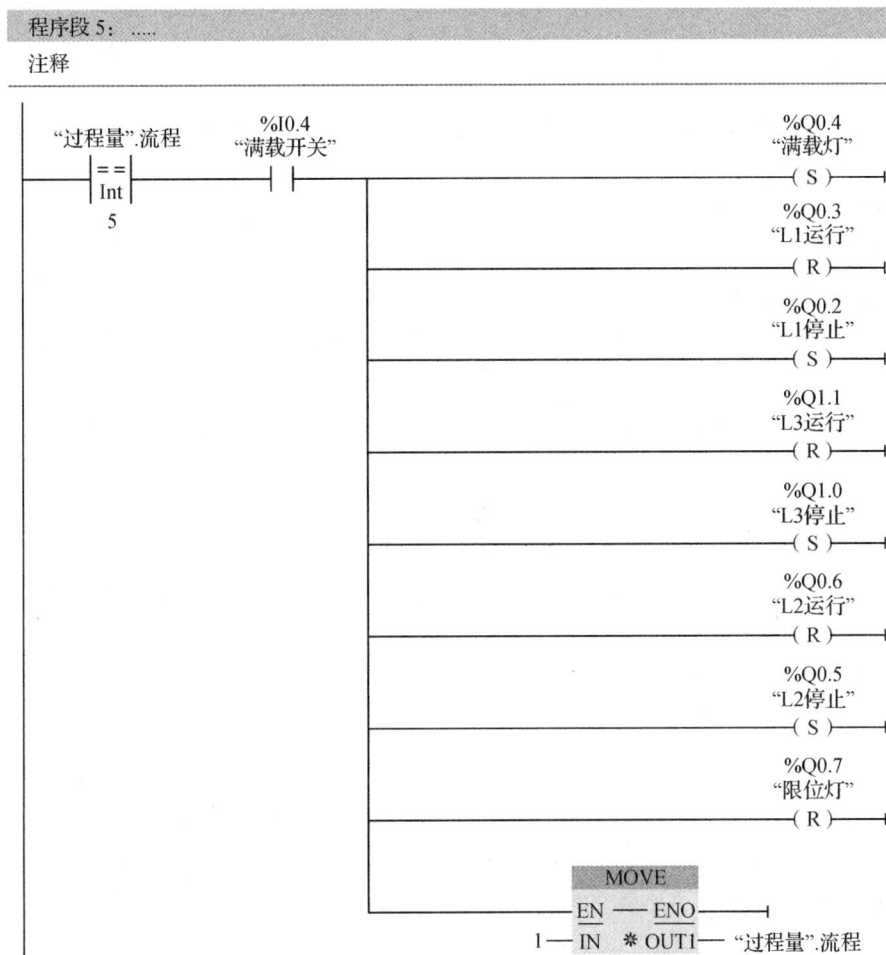

图4-18　程序段5

四、项目拓展

【微信扫码】
自动送料装车模拟模块拓展

1. 传感器

传感器是一种检测装备，能感受到被测量的信息，并将感受到的信息按照一定规律转换成可用输出信号的器件或装置，通常由敏感元件和转换元件组成。其中，敏感元件是指传感器中直接感受被测量的部分，转换元件是指传感器能将敏感元件的输出转换为适于传输和测量的电信号部分。

传感器输出信号有很多形式，如电压、电流、频率、脉冲等，输出信号的形式由传感器的原理确定。但是由于传感器输出信号一般都很微弱，需要有信号调节与转换电路将其放大或变换为容易传输、处理、记录和显示的形式。随着半导体器件与集成技术在传感器中的应用,传感器的信号调节与转换可以安装在传感器的壳体里或与敏感元件一起集成在同一芯片上。因此,信号调节与转换电路以及所需电源都应作为传感器的组成部分。

2. 继电器

继电器主要用于控制与保护电路以及信号转换。继电器是一种根据特定形式的输入信号而发生动作的自动控制电器。它与接触器不同,主要用于反应控制信号,其触点一般接在控制电路中。当输入量变化到某一定值时,继电器动作,其触头接通或断开交、直流小容量的控制回路。

继电器的种类有很多,分类的方法也很多,常用的分类方法如下。

(1) 按输入量的物理性质可分为电压继电器、电流继电器、功率继电器、时间继电器和温度继电器等。

(2) 按动作原理可分为电磁式继电器、感应式继电器、电动式继电器、热继电器和电子式继电器等。

(3) 按动作时间可分为快速继电器、延时继电器和一般继电器。

(4) 按执行环节作用原理可以分为有触点继电器和无触点继电器。

继电器的主要特性是输入/输出特性、继电器的返回系数、吸合时间、释放时间。吸合时间是从线圈接收型号到衔铁完全吸合时所需要的时间,释放时间是从线圈失电到衔铁完全释放时所需要的时间。一般继电器的吸合时间与释放时间为 0.05~0.15 s,它的大小会影响继电器的操作频率。

五、知识库

1. 顺序功能图法

工业控制中,许多场合要应用顺序控制的方式进行控制。顺序控制是指使生产过程按生产工艺的要求预先安排的顺序自动控制生产线。

顺序功能图是描述控制系统的控制过程、功能和特性的一种图形,也是设计可编程控制器的顺序控制程序的有力工具。

顺序功能图法就是依据顺序功能图设计 PLC 顺序控制程序的方法。基本思想是将系统的一个工作周期分解成若干个顺序相连的阶段,即"步"。顺序功能图主要由步、有向连线、转换和转换条件及动作(或命令)组成。

(1) 步

顺序功能图中把系统循环工作过程分解成若干顺序相连的阶段,称为"步"。步用矩形框表示,框内的数字表示步的编号。在控制过程进展的某给定时刻,一个步可以是活动的或非活动的。当步处于活动状态,称为活动步;反之,称为非活动步。控制过程开始阶段的活动步与初始状态对应,称为起始步,用双线方框表示,每个顺序功能图至少应有一个初始步。

（2）与步相关的动作（或命令）

控制系统的每一步都要完成某些"动作"（或命令），当该步处于活动状态时，该步内相应的动作（或命令）被执行；反之，不被执行。与该步相关的动作（或命令）用矩形框表示，框内的文字或符号表示动作（或命令）的内容，该矩形框应与相应步的矩形框相连。在顺序功能图中，动作（或命令）可分为"非存储型"或"存储型"。当相应步活动时，动作（或命令）即被执行。当相应步不活动时，如果动作（或命令）返回到该步活动前的状态，是"非存储型"；如果动作（或命令）继续保存它的状态，则是"存储型"。

（3）有向连线

在顺序功能图中，会发生步的活动状态的进展。步之间的进展，采用有向连线表示，它将步连接到转换并将转换连接到步。步的进展按有向连线规定的线路进行，有向连线是垂直或水平的，按习惯进展的方向总是从上而下或从左到右，如果不遵守上述习惯必须加箭头，必要时为了更易于理解也可加箭头，箭头表示步进展的方向。

（4）转换和转换条件

在顺序功能图中，步的活动状态的进展是由一个或多个状态转换来实现的，并与控制过程的发展相对应。转换的符号是一根与有向连线垂直的短划线，步与步之间由转换分割。转换条件是在转换符号短划线旁边用文字或符号说明。当两步之间的转换条件得到满足时，转换得以实现，即上一步的活动结束而下一步的活动开始，因此不会出现步的重叠，每个活动步之间取决于步之间的转换的实现。

2. 顺序功能图法的基本结构

依据步之间的进展形式，顺序功能图有以下几种基本结构。

（1）单序列结构

单序列由一系列相继激活的步组成，每一步的后面仅有一个转换条件，每一个转换条件后面仅有一步。

（2）选择序列结构

① 选择序列的开始称为分支。某一步的后面有几个步，当满足不同的转换条件时，转向不同的步。

② 选择序列的结束称为合并。几个选择序列合并到同一个序列上，各个序列上的步在各自转换条件满足时转换到同一个步。

（3）并行序列结构

① 并行序列的开始称为分支。当转换的实现导致几个序列同时激活时，这些序列称为并行序列，它们被同时激活后，每个序列中的活动步的进展将是独立的。

② 并行序列的结束称为合并。在并行序列中，处于水平双线以上的各步都为活动步，且转换条件满足时，同时转换到同一个步。

3. 子步

根据需要，在顺序功能图中，某一步又可分为几个子步。这种步的详细表示方法（即子步）可以使系统的设计者在总体设计时以更加简洁的方式表达系统的总体功能和概貌，从功能入手对整个系统简要地进行全面描述。在总体设计被确认后,再进行深入的细节设计。这样,使系统设计者在设计初期抓住系统的主要矛盾而免于陷入某些细节的纠缠,减少总体设计的错误。同时,也便于设计人员和其他相关人员设计思想的沟通,便于程序的分工设计和检查调试,从而可以缩短程序设计时间和调试时间。

🖐 小知识

经验设计法

经验设计法又可称为试凑法,对于一些比较简单的程序设计是比较奏效的,主要是依靠设计人员的经验进行设计,要求设计者有一定的实践经验,对工业控制系统和工业上常用的各种典型环节比较熟悉。经验设计法具有很大的试探性和随意性。适用于设计一些简单的梯形图程序或复杂程序的某一局部程序。

六、练习与思考

(一) 判断题

1. 特权指令可以在任意的时间中执行。(　　)

2. 多道程序设计技术能缩短每道程序的执行时间。(　　)

3. PLC 主要由 CPU 模块、存储器模块、电源模块和输入/输出接口模块五部分组成。(　　)

4. PLC 由输入部分、输出部分和控制器三部分组成。(　　)

5. PLC 的存储器分为系统存储器和用户存储器,其中系统存储器为 ROM 或 EEPROM 结构,而用户存储器主要为 RAM 结构。(　　)

6. 在 PLC 的寻址方式中,D 表示双字,一个字占 32 位。(　　)

7. 顺序功能图的五要素是:步、有向连线、转换、转换条件和动作。(　　)

8. PLC 的输出方式为晶体管型时,它适用于直流负载。(　　)

9. I/O 是 Input/Output 的缩写,即输入/输出端口,协作机器人可通过 I/O 与外部设备进行交互。(　　)

10. 梯形图中各元件只有有限个常开触点和常闭触点。(　　)

(二) 选择题

1. 下列关于 I/O 信号,叙述错误的是(　　)。

A. I/O 信号分为输入信号和输出信号两大类

B. 输入信号中可划分为数字量输入信号、模拟量输入信号和组输入信号

C. 输出信号中包括数字量输出信号,不包括模拟量输出信号和组输出信号

D. I/O 信号包括模拟量信号

2. I/O 信号设置中,表示机器人输出信号的是( )。

A. DI   B. DO   C. DA   D. DS

3. 每一个 PLC 控制系统必须有一台( ),才能正常工作。

A. CPU 模块   B. 扩展模块

C. 通信处理器   D. 编程器

4. 下列不属于 PLC 硬件系统组成的是( )。

A. 用户程序   B. 输入/输出接口

C. 中央处理单元   D. 通信接口

5. 某进程在运行过程中等待的事件已发生,例如,打印结束,此时该进程的状态将( )。

A. 从就绪变为运行   B. 从运行变为就绪

C. 从运行变为阻塞   D. 从阻塞变为就绪

6. PLC 型号选择的重要原则包括以下哪项? ( )

A. 经济性原则   B. 时效性原则

C. 随意性原则   D. 地区性原则

7. 调用( )时需要指定其背景数据块。

A. FB 和 FC   B. SFC 和 FC

C. SFB 和 FB   D. SFB 和 SFC

8. 顺序功能图的基本结构不包括以下哪个部分? ( )

A. 步   B. 转移方向

C. 转移条件   D. 指令

9. CPU 检测到错误时,如果没有相应的错误处理 OB,CPU 将进入( )模式。

A. 停止   B. 运行   C. 报警   D. 中断

10. 在梯形图中调用功能块时,方框内是功能块的( ),方框外是对应的( )。

A. 形参,形参   B. 实参,实参

C. 形参,实参   D. 实参,形参

(三) 填空题

1. 顺序功能图主要由步、有向连接、转换和_____及动作组成。

2. 依据顺序功能图设计 PLC 顺序控制程序的方法为_____。

3. 当步处于活动状态,称为_____。

4. 顺序功能图中选择序列的开始称为_____。

5. PLC 主要代替继电器进行_____。

(四) 思考题

1. 简述顺序功能图法。

2. 简述 PLC 的结构。

项目五 电机正反转模拟模块

【微信扫码】
电机正反转模拟模块

一、项目目标

1. 学习 PLC 简单逻辑控制。
2. 学习电机正反转控制。

二、项目任务

1. 项目任务背景

近年来,随着科学技术的进步,直流电机得到了越来越广泛的应用,直流具有优良的调速特性,调速平滑,方便,调速范围广,过载能力强,能承受频繁的冲击负载,可实现频繁的无极快速启动、制动和反转。为了满足生产过程自动化系统各种不同的特殊要求,对直流电机提出了较高的要求。电机正反转控制由于设备简单、不需要反向齿轮、反应迅速、没有换挡间隔等优点,在工业及现实生活中得到了广泛的应用,如行车、木工用的电刨床、台钻、绰丝机、甩干机和车床等。电机的正反转伴随着电子技术的发展,PLC、单片机等也有了进一步的电路改善,并且在实际应用电路中增加了一些接近开关、光电开关等,实现了双向自动控制,为工业机器人的发展奠定了基础。

思政小课堂

团队精神

目前,加强素质教育,培养团队精神已成为当代教育者所形成的共识,社会也把"是否具有团队精神"作为人员使用的重要指标。人们已经意识到,知识经济步伐的加快,科技发展的日新月异,呈现出各种学科、知识、信息、文化的交叉化,任何一个项目的完成单靠个人的力量是不可能得以实现的、它需要各类英才的汇集,发挥团队的智慧,同时辩证地处理好合作与竞争、个体意识与团队意识的关系,对做好新时期思想教育工作具有非常重要的现实意义。通过本项目可以培养学生的团队意识,给每个学生提供一个充分施展才能、表现自己的机会,鼓励和正确引导学生最大限度发挥个人能力。

2. 项目任务所需设备

本项目中的电机正反转模拟模块主要由 7 个指示灯、4 个按钮组成,进行模拟交流接触器控制三相异步电机正反转自锁切换控制,电机正反转模拟模块如图 5-1 所示。

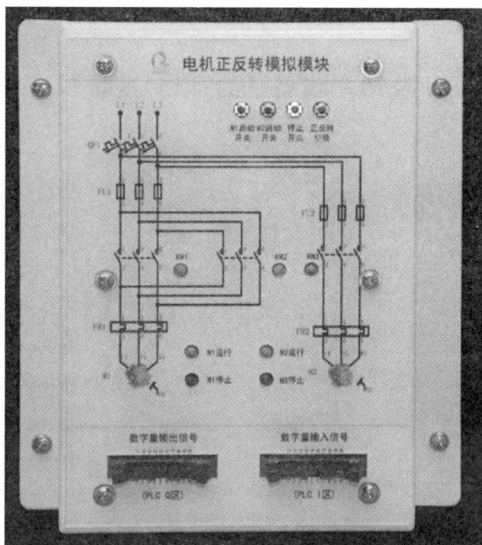

图 5-1　电机正反转模拟模块

3. 项目任务描述

本项目主要任务是设计一个电机正反转模拟模块,控制按钮,进行模拟交流接触器控制三相异步电机正反转自锁切换控制。功能要求如下。

(1) 按下 M1 启动开关后 KM1 开关闭合 M1 运行。

(2) 按下 M2 启动开关后 KM3 开关闭合 M2 运行。

(3) 按下正反转切换按钮后 KM1 开关断开,KM2 开关闭合 M1 继续运行。

(4) 按下停止按钮 M 后 KM1、KM2、KM3 断开,M1 和 M2 停止。

【微信扫码】
电机正反转模拟
模块任务描述

三、项目实施

(一)解决方案一

1. 建立 FB 块

建立电机正反转模拟功能块,如图 5-2 所示,将特定的功能打包成一个块,可以在程序中重复调用,提高了程序开发效率。

图 5-2 建立 FB 块

2. 定义背景变量

根据设计要求,双击项目树 PLC 设备下的"PLC 变量",打开 PLC 变量表编辑器,定义 PLC 变量,如图 5-3 所示。

	名称		数据类型	默认值	保持
◀	▼	Input			
◀	■	启动	Bool	false	非保持
◀	■	停止	Bool	false	非保持
◀	■	初始化	Bool	false	非保持
◀	■	M1启动开关	Bool	false	非保持
◀	■	M2启动开关	Bool	false	非保持
◀	■	停止开关	Bool	false	非保持
◀	■	正反转切换开关	Bool	false	非保持
◀	▼	Output			
	■	<新增>			
◀	▼	InOut			
◀	■	KM1	Bool	false	非保持
◀	■	KM2	Bool	false	非保持
◀	■	KM3	Bool	false	非保持
◀	■	M1运行	Bool	false	非保持
◀	■	M1停止	Bool	false	非保持
◀	■	M2运行	Bool	false	非保持
◀	■	M2停止	Bool	false	非保持
◀	■	三色灯-黄	Bool	false	非保持
◀	■	三色灯-绿	Bool	false	非保持
◀	▼	Static			
◀	■ ▶	1	Array[0..19] of Bool		非保持

图 5-3 定义背景变量

3. 程序段

电机正反转模拟模块的梯形图,如图 5-4 至图 5-8 所示。

程序段1: ......

注释

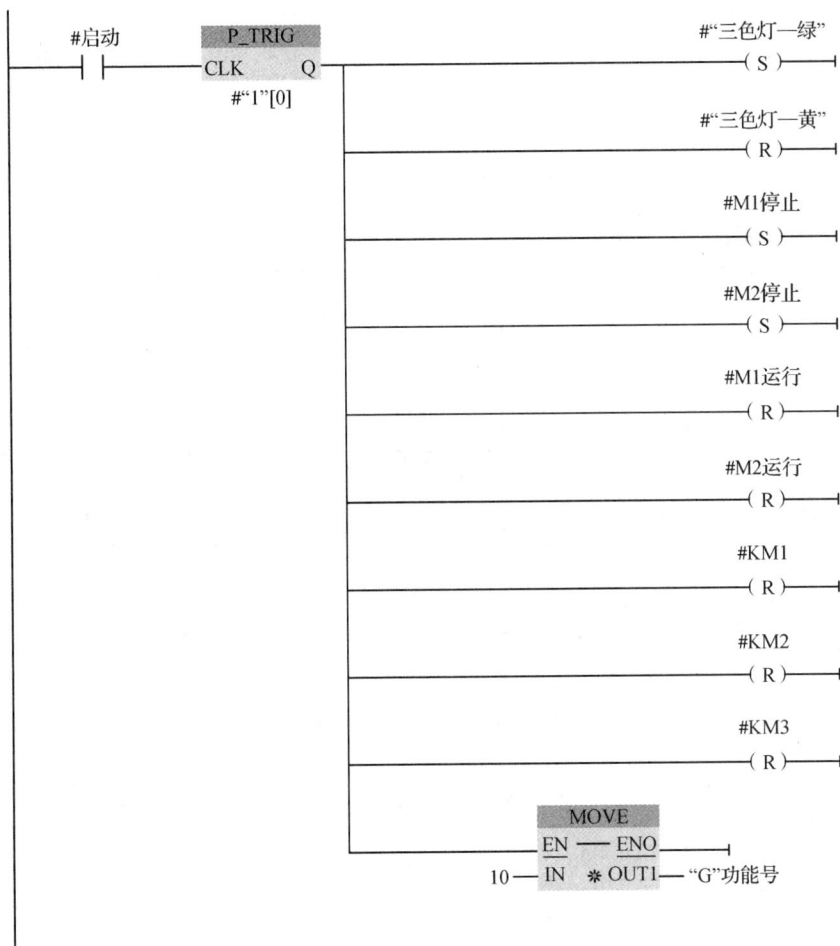

图5-4 程序段1

程序段2: ......

注释

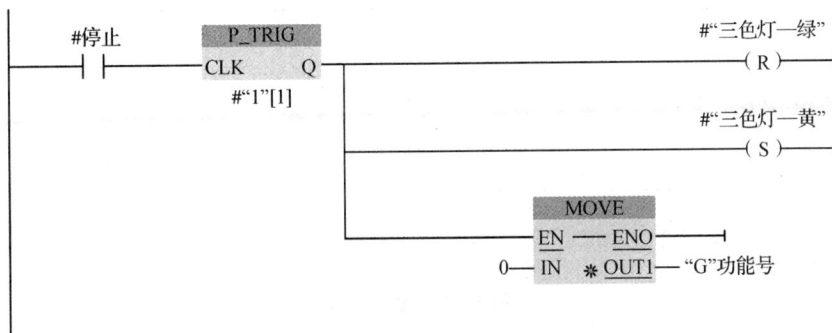

图5-5 程序段2

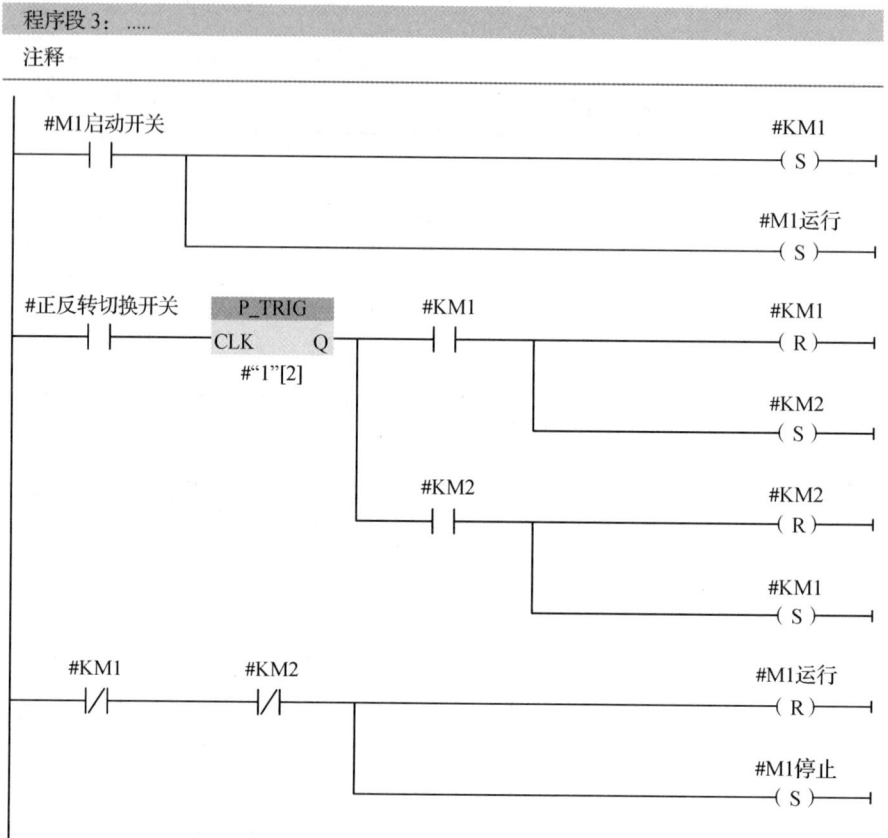

图 5 - 6　程序段 3

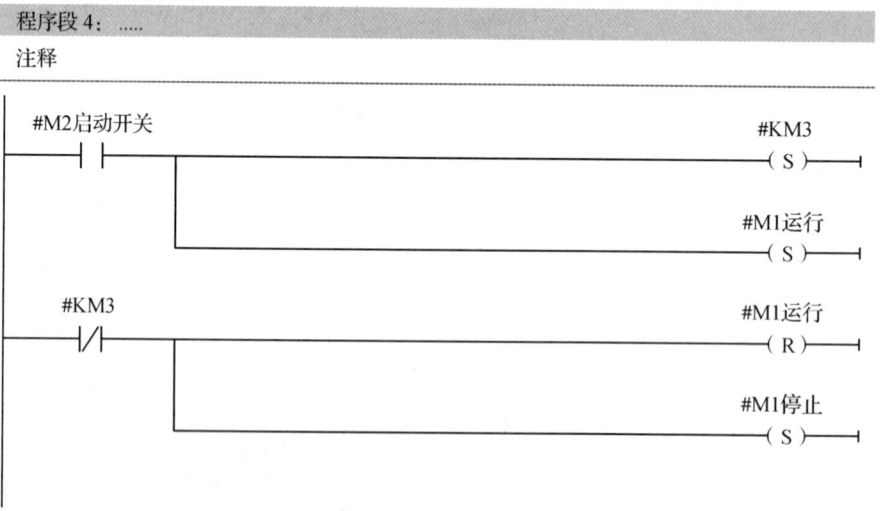

图 5 - 7　程序段 4

程序段5：……
注释

图5-8　程序段5

4. 项目注意事项

（1）检查各电器元件的质量情况，了解其使用方法，根据电器原理图绘制元件布置图和接线图。

（2）检查接线无误后，并经指导老师检查同意后通电实验。

（3）经检查无误后，接通总电源，并观察电动机单方向起停情况。

（4）操作启动按钮，电机正常运转后直接按下反方向启动按钮，并使电动机反方向运转。

（5）电动机正常运转后，模拟机床运行启动开关控制电机的正反转，若实验中出现不正常现象时，应断开电源分析故障。

（二）解决方案二

1. 新建 PLC 变量表

在项目树的 PLC 变量中添加新表量表——电机正反转，并将变量分配给相应的 I/O 地址，如图5-9所示。

图 5-9 电机正反转变量表

2. 程序设计

（1）程序段 1：将地址 I1.3 分配给启动按钮，按下启动按钮后，M1 停止和 M2 停止信号灯常亮，如图 5-10 所示。

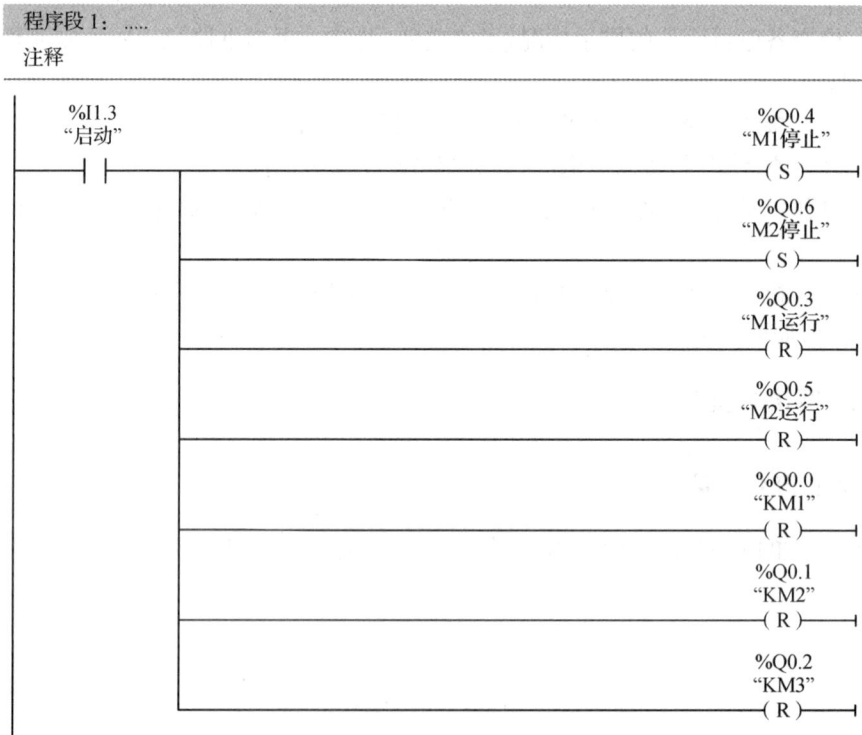

图 5-10 程序段 1

（2）程序段 2：I1.4 分配给停止按钮，所有信号灯熄灭，如图 5-11 所示。

程序段 2: .....

注释

```
%I1.4                                            %Q0.4
"停止"                                           "M1停止"
 ┤├────────┬──────────────────────────────────────( R )──
          │                                       %Q0.6
          │                                      "M2停止"
          ├──────────────────────────────────────( R )──
          │                                       %Q0.3
          │                                      "M1运行"
          ├──────────────────────────────────────( R )──
          │                                       %Q0.5
          │                                      "M2运行"
          ├──────────────────────────────────────( R )──
          │                                       %Q0.0
          │                                       "KM1"
          ├──────────────────────────────────────( R )──
          │                                       %Q0.1
          │                                       "KM2"
          ├──────────────────────────────────────( R )──
          │                                       %Q0.2
          │                                       "KM3"
          └──────────────────────────────────────( R )──
```

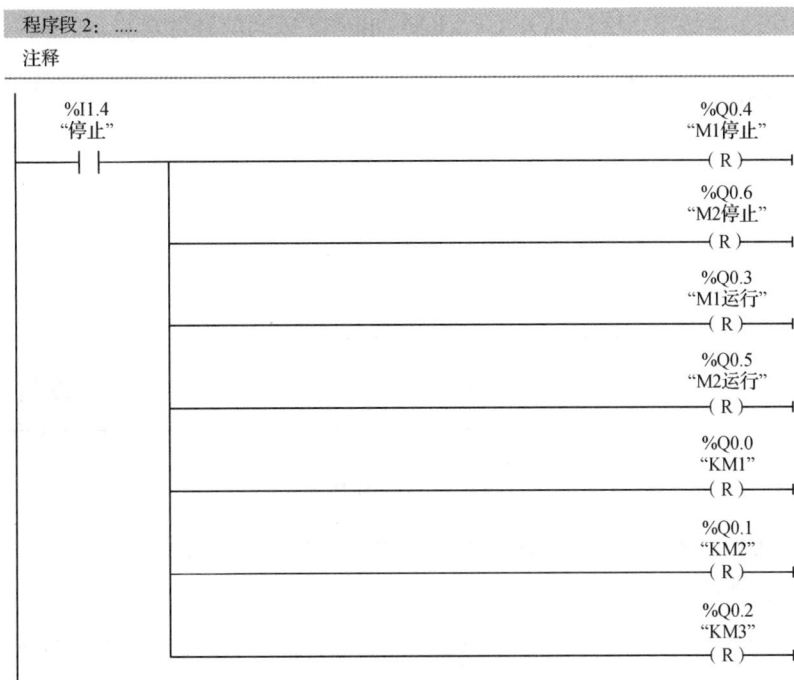

图 5 - 11　程序段 2

(3) 程序段 3:按下 M1 启动开关后,KM1 和 M1 运动信号灯常亮;按下正反转切换后,KM2 和 M1 运动信号灯常亮,如图 5 - 12 所示。

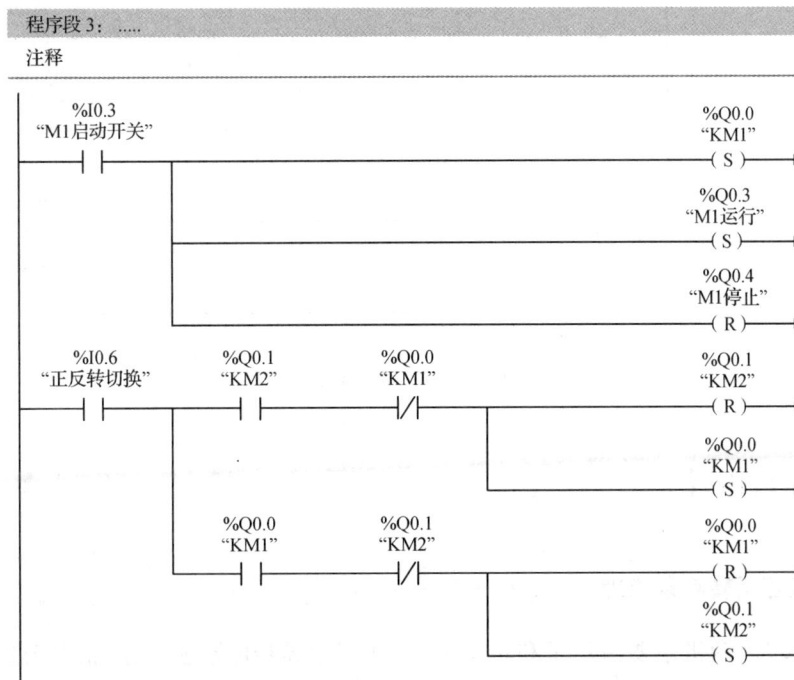

程序段 3: .....

注释

```
%I0.3                                            %Q0.0
"M1启动开关"                                      "KM1"
 ┤├────────┬──────────────────────────────────────( S )──
          │                                       %Q0.3
          │                                      "M1运行"
          ├──────────────────────────────────────( S )──
          │                                       %Q0.4
          │                                      "M1停止"
          └──────────────────────────────────────( R )──

%I0.6      %Q0.1      %Q0.0                        %Q0.1
"正反转切换" "KM2"     "KM1"                        "KM2"
 ┤├────────┤├────────┤/├───────┬───────────────────( R )──
                             │                     %Q0.0
                             │                     "KM1"
                             └───────────────────( S )──

           %Q0.0      %Q0.1                        %Q0.0
           "KM1"      "KM2"                        "KM1"
          ─┤├────────┤/├───────┬───────────────────( R )──
                             │                     %Q0.1
                             │                     "KM2"
                             └───────────────────( S )──
```

图 5 - 12　程序段 3

（4）程序段 4：按下 M2 启动开关后，KM3 和 M2 运动信号灯常亮，如图 5 - 13 所示。

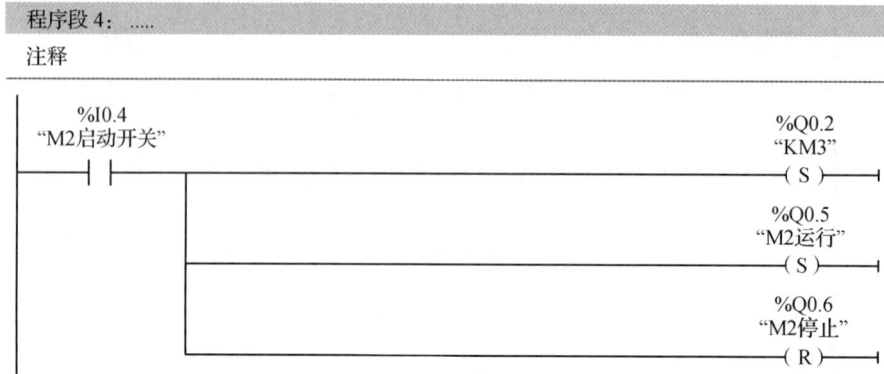

程序段 4: ......

注释

%I0.4
"M2启动开关"
——| |——————————————————————————————

%Q0.2
"KM3"
——(S)——

%Q0.5
"M2运行"
——(S)——

%Q0.6
"M2停止"
——(R)——

图 5 - 13　程序段 4

（5）程序段 5：按下停止开关后，M1 停止和 M2 停止信号灯常亮，其他信号灯全部熄灭，如图 5 - 14 所示。

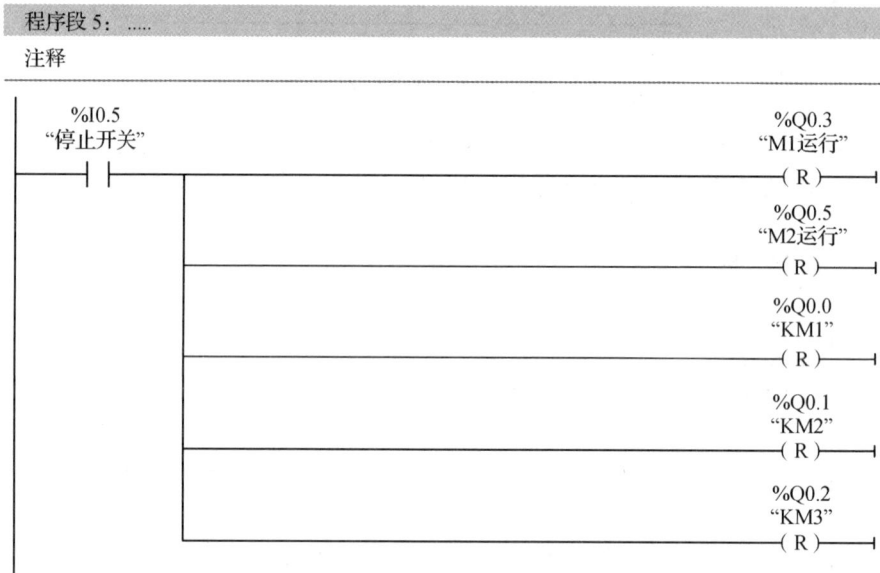

程序段 5: ......

注释

%I0.5
"停止开关"
——| |——————————————————————————————

%Q0.3
"M1运行"
——(R)——

%Q0.5
"M2运行"
——(R)——

%Q0.0
"KM1"
——(R)——

%Q0.1
"KM2"
——(R)——

%Q0.2
"KM3"
——(R)——

图 5 - 14　程序段 5

四、项目拓展

1. 电机正反转实现原理

三相异步电动机主要由定子和转子组成，在三相异步电动机定子绕组中通入三相交流电，在定子铁芯中会形成一个旋转磁场，在旋转磁场的作用下，电机转子就会按旋转磁场的方向转动。根据三相交流电工作原理,任意更换两相通入电机的三相交流电相序,就可以改变电机定子铁芯中旋转磁场的转向。这就是电机正反转的实现原理。

2. 程序调试方法

程序调试有以下3种方法。
(1) 使用仿真软件调试程序。
(2) 程序状态功能调试程序。
(3) 监控表监视、修改和强制变量调试程序。

五、知识库

1. 定时器指令

定时器指令分为脉冲定时器、接通延时定时器、断开延时定时器和保持型接通延时定时器。
(1) 脉冲定时器
脉冲定时器可生成具有预设宽度时间的脉冲,脉冲定时器类似于数字电路中上升沿触发的单稳态电路。用程序状态监控功能可以观察已耗时间的变化。
(2) 接通延时定时器
接通延时定时器的使能输入端由断开变为接通时开始定时,定时时间大于等于设定时间。
(3) 断开延时定时器
断开延时定时器模拟断电延时型物理时间继电器,主要用于设备停止后的延时,如大型变频电动机的冷却风扇的延时。
(4) 保持型接通延时定时器
保持型接通延时定时器的输入电路接通开始定时,可以用来累计输入电路接通的若干时间间隔。

2. 电动机正反转的控制电路

若改变电动机转动方向,将接至交流电动机的三相交流电源进线中任意两相对调,电动机就可以反转。
(1) 倒顺开关正反转控制线路
倒顺开关,又叫可逆转换开关,利用改变电源相序来实现电动机手动正反转控制。
(2) 接触器联锁正反转控制线路
利用两个交流接触器交替工作,改变电源接入电动机的相序来实现电动机正反转控制。
(3) 按钮联锁正反转控制线路
为克服接触器联锁正反转控制电路的不足,就构成了联锁正反转控制电路。

（4）按钮、接触器双重联锁正反转控制线路

为克服接触器联锁正反转控制电路和按钮联锁正反转控制电路的不足,在按钮联锁的基础上,又增加了接触器联锁,就构成了按钮、接触器双重联锁正反转控制电路。

3. 接触器联锁或互锁

为防止两个接触器同时得电,主电路发生短路事故,在控制电路中分别串接对方接触器的一对辅助常闭触头。当一个接触器得电动作,通过其辅助常闭触头使另一个接触器不能得电动作,接触器之间这种互相制约的作用叫作接触器联锁或互锁。自锁也叫自保,交流接触器的常开触头与启动按钮相并联,在按钮松开后,保持交流接触器一直处于通电状态。

📖 **小知识** ··

接触器联锁和按钮联锁的特点

接触器联锁正反转控制线路的优点是工作安全可靠,缺点是操作不便,因为电动机从正转到反转时,必须先按下停止按钮后才能按反转启动按钮,否则由于接触器联锁作用,不能实现反转。

按钮联锁正反转控制线路没有进行接触器互锁,一旦运行时接触器主触头熔焊,而这种故障无法在电动机运行时判断出来,此时若进行直接正反向换接操作,将引起主电路的电源短路。

··

六、练习与思考

（一）判断题

1. 直流电机定子部分的主要作用是产生磁场。（　　）

2. 直流发电机是把机械能变换为电能输出。（　　）

3. 三相感应电动机旋转磁场的方向由流入定子电流的相序决定。（　　）

4. 三相异步电动机主要由定子和转子组成。（　　）

5. 当变压器把低电压变成高电压时,其电流增大。（　　）

6. 三相异步电动机三相对称绕组通以对称电流时,将产生旋转磁场。（　　）

7. 直流发电机的电磁转矩的方向和电枢旋转方向相同,直流电动机电磁转矩的方向和电枢旋转方向相反。（　　）

8. 变压器具有变换电流、阻抗的功能。（　　）

9. 三相异步电动机的电磁制动状态有回馈制动、反接制动、能耗制动三种。（　　）

10. 接通延时定时器可生成具有预设宽度时间的脉冲。（　　）

(二) 选择题

1. 下列定时器中模拟断电延时型物理时间继电器是(　　)。

A. 脉冲定时器　　　　　　　　　　　　B. 接通延时定时器

C. 断开延时定时器　　　　　　　　　　D. 保持型接通延时定时器

2. 变频调速是改变电源频率从而使电动机的(　　)变化达到调速的目的。

A. 电压　　　　　　　　　　　　　　　B. 同步转速

C. 电流　　　　　　　　　　　　　　　D. 电阻

3. 直流电动机回馈制动时,电动机处于(　　)状态。

A. 电动　　　　　　　　　　　　　　　B. 发电

C. 空载　　　　　　　　　　　　　　　D. 制动

4. 下列选项中改变电源接入电动机的相序,来实现电动机正反转的控制线路方法是
(　　)。

A. 倒顺开关正反转控制线路

B. 接触器联锁正反转控制线路

C. 按钮联锁正反转线路

D. 按钮、接触器双重联锁正反转控制线路

5. 要改变三相异步电动机的转向,须改变(　　)。

A. 电源电压　　　　　　　　　　　　　B. 电源频率

C. 电源有效值　　　　　　　　　　　　D. 相序

6. 三相异步电动机运行时输出功率的大小取决于(　　)。

A. 定子电流的大小　　　　　　　　　　B. 电源电压的高低

C. 轴上阻力转矩的大小　　　　　　　　D. 额定功率的大小

7. 变压器可以用来变换频率的说法是(　　)。

A. 正确的　　　　　　　　　　　　　　B. 都可以的

C. 根据用途确定的　　　　　　　　　　D. 错误的

8. 多台电动机可从(　　)实现顺序控制。

A. 主电路　　　　　　　　　　　　　　B. 控制电路

C. 信号电路　　　　　　　　　　　　　D. 主电路或控制电路

9. 电压继电器的线圈是(　　)于被测电路中。

A. 串联　　　　　　　　　　　　　　　B. 并联

C. 混联　　　　　　　　　　　　　　　D. 任意连接

10. (　　)在低压配电和电力拖动系统中,主要起保护作用。

A. 熔断器　　　　　　　　　　　　　　B. 接触器

C. 时间继电器　　　　　　　　　　　　D. 热继电器

(三) 填空题

1. 变压器的功能是将一种电压等级的交流电变为_____的另一种电压等级的交

流电。

    2. 三相异步电动机主要由_____和转子组成。

    3. 接触器之间互相制约的作用叫作_____。

    4. 三相异步电动机在额定负载下运行时,降低电源电压,电动机的转速将_____。

    5. 为克服接触器联锁正反转控制电路和按钮联锁正反转控制电路的不足,在按钮联锁的基础上,构成了_____。

(四) 思考题

    1. 什么是联锁和联锁触头?为什么要设置联锁触头?

    2. 三相异步电动机接触器联锁的正反转控制线路的优点是什么?

项目六 七段码模拟模块

一、项目目标

1. 学习七段码的信号分配。
2. 学习七段码的工作原理。
3. 能够完成0—9数字的显示。

二、项目任务

1. 项目任务背景

七段码在快速发展的新兴产业已成为不可或缺的一部分,市场空间巨大,前景广阔。随着信息产业的高速发展,七段码显示作为信息传播的一种重要手段,已广泛应用于室内外需要进行服务内容和服务宗旨宣传的公共场所。

七段数码管是一类价格便宜、使用简单,通过对其不同的管脚输入相对的电流,使其发亮,从而显示出数字能够显示时间、日期、温度等所有可用数字表示的参数的器件。七段码在电器特别是家电领域应用极为广泛,如显示屏、空调、热水器、冰箱等。

思政小课堂

实践能力

"全部社会生活在本质上是实践的",理论只有来源于实践、作用于实践,才会具有强大的生命力。实践能力是检验学生对理论知识的掌握情况,学校重视对学生进行理论课程的教学,理论课程的数量较多,需要学生对知识进行全面的掌握,以便能够满足社会实践的要求。从学生学习的效果可以看出,学生对理论知识的掌握能力较好,但是实践能力较差。本项目通过对 PLC 简单的逻辑控制,使学生将理论知识更好地应用到实践中去,促进了理论与实践的有效结合,强调了实践的重要性,也明确了理论知识如何更好地融入实践当中。

计数器是大规模集成电路中运用最广泛的结构之一。在模拟及数字集成电路设计当中,灵活地选择与使用计数器可以实现很多复杂的功能,可以大量减少电路设计的复杂度和工作量。

2. 项目任务所需设备

本项目由亚克力板、牛角头、数码管、电路板等组成,该模块具备模拟点亮不同二极管灯的组合显示 0—9 之间不同数字的功能,七段码模拟模块如图 6-1 所示。

图 6-1 七段码模拟模块

3. 项目任务描述

在博图软件上完成七段码程序的编写,实现 0—9 数字显示。

三、项目实施

(一) 解决方案一

1. 确定 I/O 分配

根据任务所需分析,确定 I/O 分配,如图 6-2 所示。

Q4.0	快换模块1
Q4.1	快换模块2
Q4.2	快换模块3
Q4.3	快换模块4
Q4.4	快换模块5
Q4.5	快换模块6
Q4.6	快换模块7
Q4.7	快换模块8

图 6-2　I/O 分配

2. 创建程序

（1）双击"添加新块"，添加一个 FC 函数块，更改名称为"七段码模块"，如图 6-3 所示。

图 6-3　添加七段码模块

（2）双击"添加新块"，添加一个 DB 数据块，更改名称为"七段码变量"，如图 6-4 所示。

图 6-4 添加七段码变量

（3）在七段码变量数据块中，添加如图 6-5 所示的变量。

	Static		
■	七段码启动	Bool	false
■	七段码停止	Bool	false
■	过程变量	Bool	false
■	当前时间	Time	T#0ms
■	<新增>		

图 6-5 添加变量

3. 程序设计

（1）程序段1：启动七段码模块后，通过过程变量进行程序保持，定时器开始一个10 s的计时，用于后面的数字变换。按下七段码停止后，QB4所有位清零，如图6-6所示。

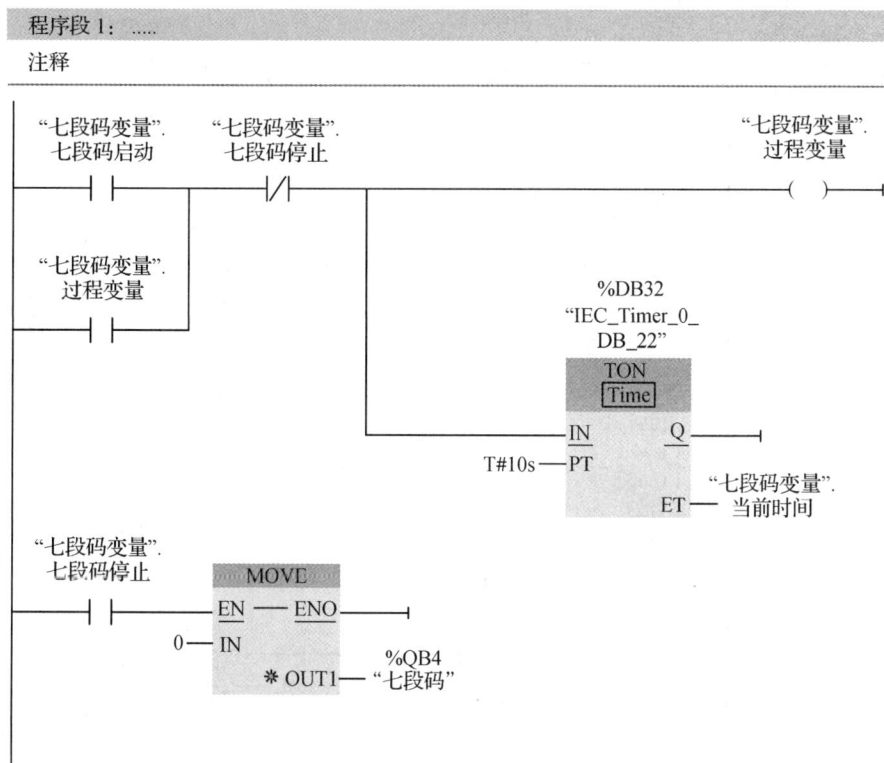

图6-6　程序段1

（2）程序段2：由程序段1中"过程变量"接通后，判断定时器时间是否在0—1 s、1—2 s、2—3 s、3—4 s、4—5 s、5—6 s、6—7 s、7—8 s、8—9 s、9—10 s，对应地将16#BF、16#86、16#DB、16#CF、16#E6、16#ED、16#FD、16#87、16#FF、16#EF传送QB4，七段码模块对应显示0—9数字，在计时器计数到10 s时，将QB所有位清零，如图6-7、图6-8所示。

程序段 2：……

注释

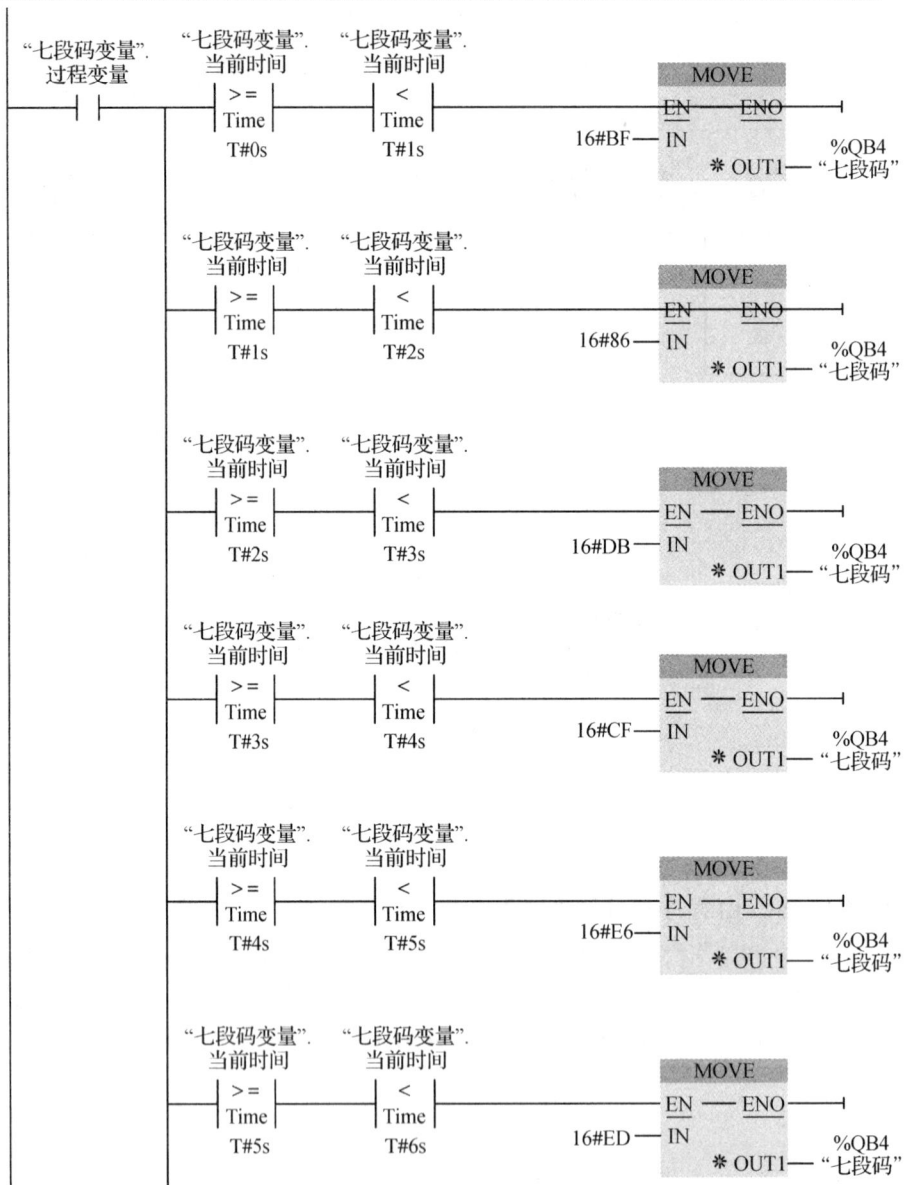

图 6-7 程序段 2(1)

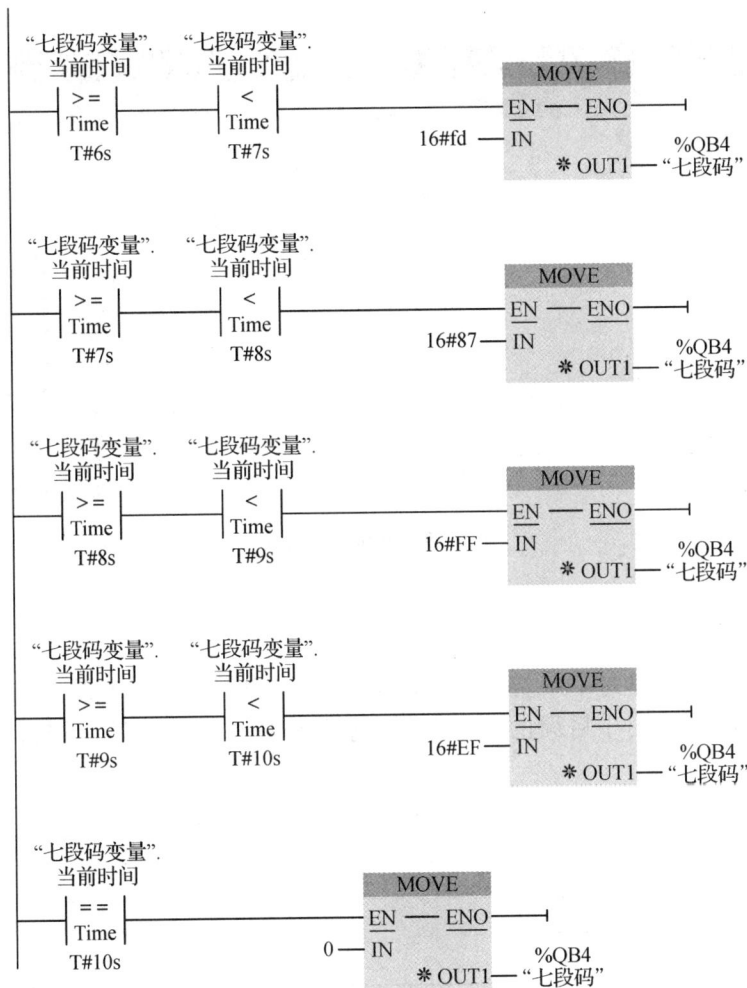

图 6-8　程序段 2(2)

4. 项目注意事项

(1) 需要使其具有恒定的工作电流。

(2) 采用恒流驱动电路后可防止短时间的电流过载可能对发光管造成永久性损坏,以此避免电流故障所引起的七段数码管的大面积损坏。

(3) 超大规模集成电路还具有热保护功能,当任何一片的温度超过一定值时可自动关断,并且可在控制室内看到故障显示。

(二) 解决方案二

1. 新建 PLC 变量表

在项目树的 PLC 变量中添加新表量表——七段码,并将变量分配给相应的 I/O 地址，如图 6－9 所示。

七段码模块 ▸ PLC_1 [CPU 1214C DC/DC/DC] ▸ PLC 变量 ▸ 七段码 [10]

七段码

	名称	数据类型	地址	保持	从 H...	从 H...	在 H...
1	h	Bool	%Q0.0	☐	☑	☑	☑
2	g	Bool	%Q0.1	☐	☑	☑	☑
3	f	Bool	%Q0.2	☐	☑	☑	☑
4	e	Bool	%Q0.3	☐	☑	☑	☑
5	d	Bool	%Q0.4	☐	☑	☑	☑
6	c	Bool	%Q0.5	☐	☑	☑	☑
7	b	Bool	%Q0.6	☐	☑	☑	☑
8	a	Bool	%Q0.7	☐	☑	☑	☑
9	启动	Bool	%I1.3	☐	☑	☑	☑
10	停止	Bool	%I1.4	☐	☑	☑	☑
11	<新增>			☐	☑	☑	☑

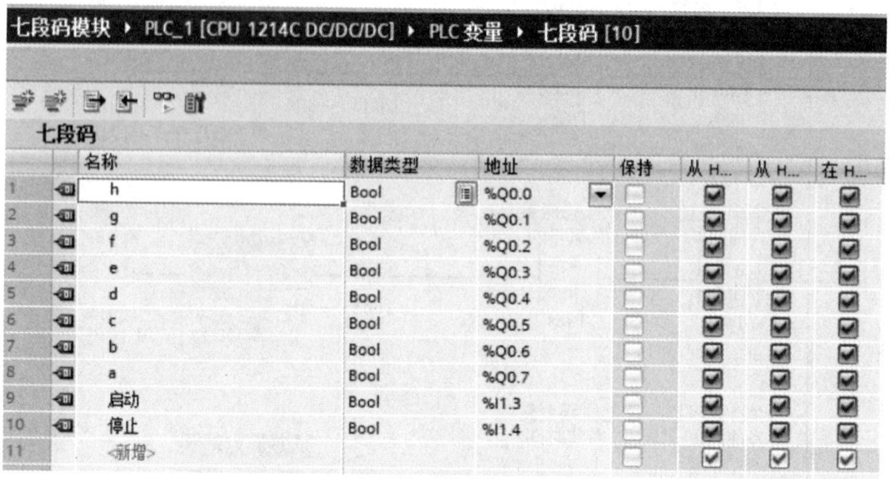

图 6－9　七段码变量表

2. 程序设计

(1) 程序段 1:将地址 I1.3 分配给启动按钮，通过自锁变量实现程序运行，定时器开始一个 10 s 的循环，用于后面的数字变换，将地址 I1.4 分配给停止按钮，如图 6－10 所示。

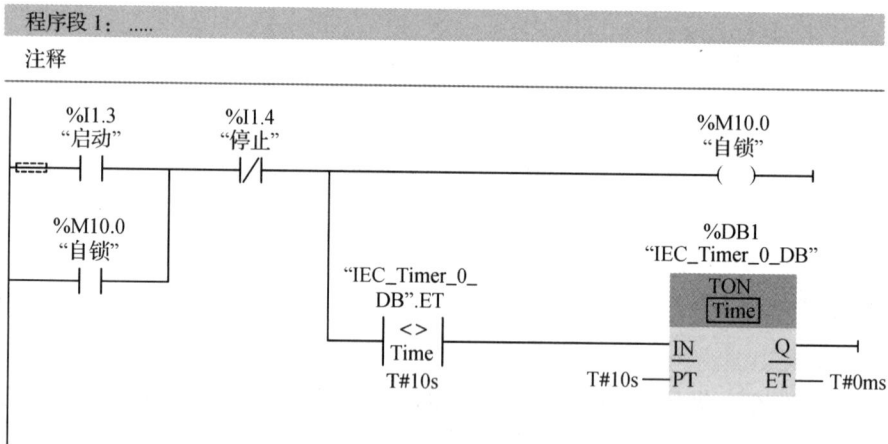

图 6－10　程序段 1

(2) 在相应的时间，指示灯 a、b、c、d、e、f、g、h 分别点亮，如图 6－11 程序段 2、图 6－12 程序段 3、图 6－13 程序段 4 和图 6－14 程序段 5 所示。

程序段2：……
注释

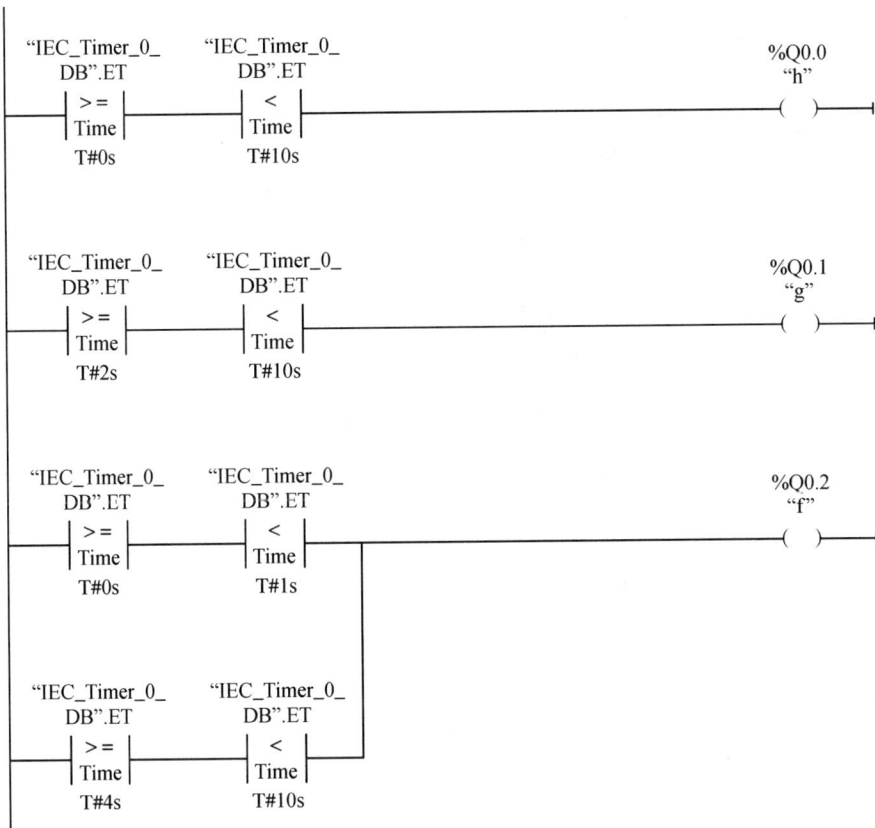

"IEC_Timer_0_
DB".ET
  >=
  Time
  T#0s

"IEC_Timer_0_
DB".ET
  <
  Time
  T#10s

%Q0.0
"h"

"IEC_Timer_0_
DB".ET
  >=
  Time
  T#2s

"IEC_Timer_0_
DB".ET
  <
  Time
  T#10s

%Q0.1
"g"

"IEC_Timer_0_
DB".ET
  >=
  Time
  T#0s

"IEC_Timer_0_
DB".ET
  <
  Time
  T#1s

%Q0.2
"f"

"IEC_Timer_0_
DB".ET
  >=
  Time
  T#4s

"IEC_Timer_0_
DB".ET
  <
  Time
  T#10s

图 6－11　程序段 2

程序段 3：.....

注释

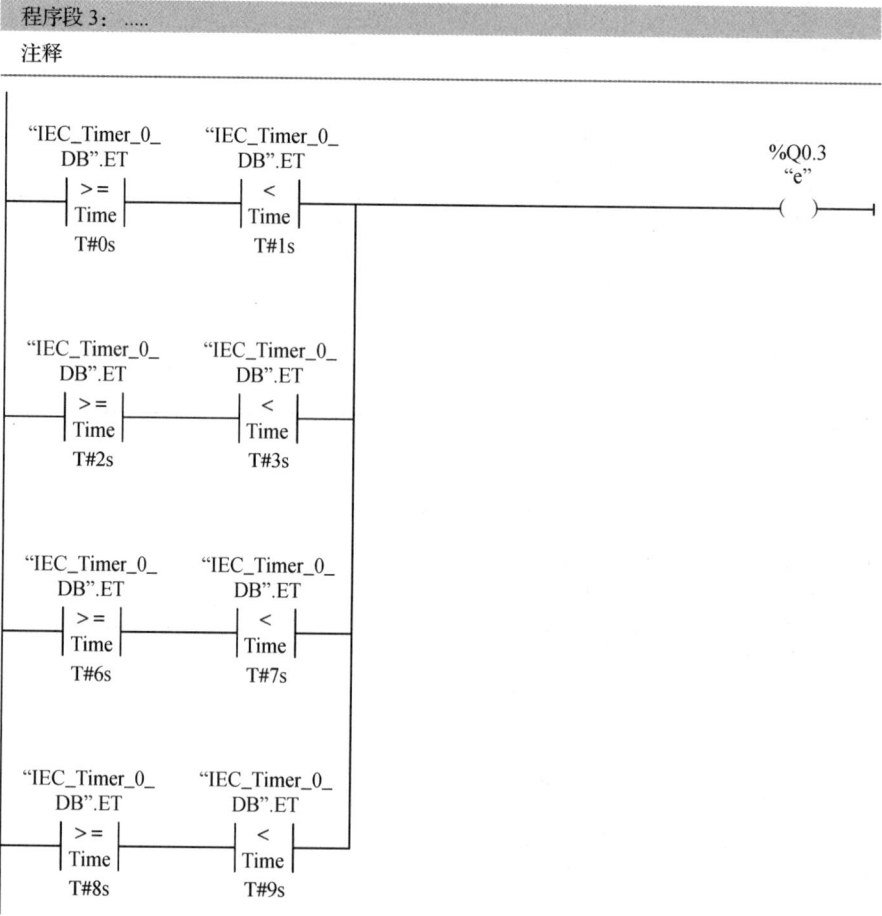

图 6-12　程序段 3

程序段 4：.....

注释

```
    "IEC_Timer_0_        "IEC_Timer_0_                                    %Q0.4
       DB".ET               DB".ET                                         "d"
      |  >=  |              |  <  |                                      ( )
      | Time |              | Time |
       T#0s                  T#1s


    "IEC_Timer_0_        "IEC_Timer_0_
       DB".ET               DB".ET
      |  >=  |              |  <  |
      | Time |              | Time |
       T#2s                  T#4s


    "IEC_Timer_0_        "IEC_Timer_0_
       DB".ET               DB".ET
      |  >=  |              |  <  |
      | Time |              | Time |
       T#5s                  T#7s


    "IEC_Timer_0_        "IEC_Timer_0_
       DB".ET               DB".ET
      |  >=  |              |  <  |
      | Time |              | Time |
       T#8s                  T#10s
```

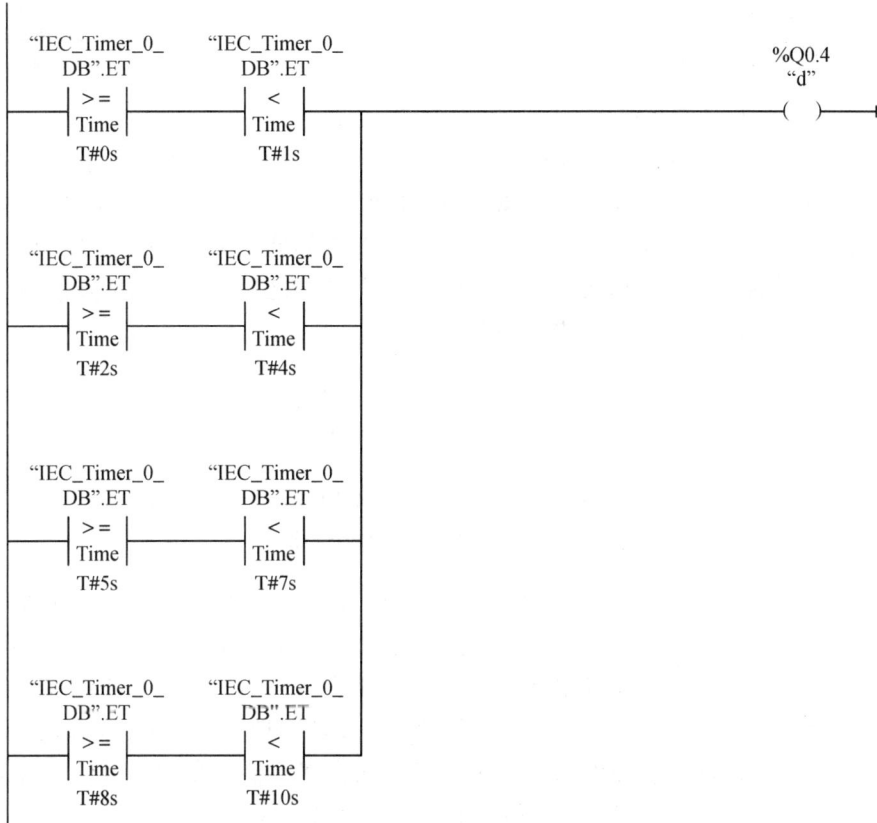

图 6-13　程序段 4

程序段 5：.....

注释

```
    "IEC_Timer_0_        "IEC_Timer_0_                                    %Q0.5
       DB".ET               DB".ET                                         "c"
      |  >=  |              |  <  |                                      ( )
      | Time |              | Time |
       T#0s                  T#2s


    "IEC_Timer_0_        "IEC_Timer_0_
       DB".ET               DB".ET
      |  >=  |              |  <  |
      | Time |              | Time |
       T#3s                  T#10s
```

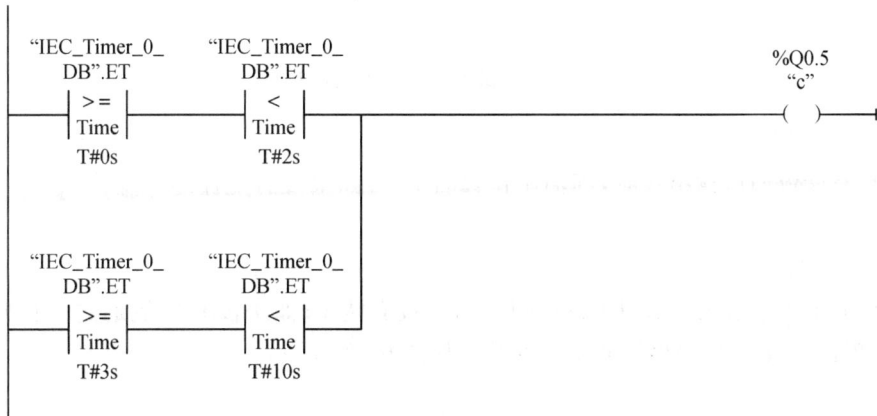

图 6-14　程序段 5

四、项目拓展

【微信扫码】
七段码模拟模块拓展 1

1. 触点指令与线圈指令

（1）常开触点与常闭触点指令

梯形图中触点指令有常开触点和常闭触点两种，常闭触点中带"/"符号，当存储器某位地址的位(bit)值为 1，则与之对应的常开触点位值为 1，表示该常开触点闭合，而与之对应的常闭触点值为 0，表示该常闭触点断开。反之，当存储器某位地址的位(bit)值为 0，则与之对应的常开触点位值为 0，表示该常开触点断开；而与之对应的常闭触点值为 1，表示该常闭触点闭合。常开、常闭触点指令的符号如图 6-15 所示。

图 6-15　常开、常闭触点指令的符号

如果用户指定的输入位使用存储器标识符 I(输入)或 Q(输出)，则从过程映像寄存器中读取位值。控制过程中的物理触点信号会连接到 PLC 上的 I 端子。CPU 扫描已连接的输入信号并持续更新过程映像输入寄存器中的相应状态值。通过在 I 偏移量后加入":P"，可指定立即读取物理输入。对于立即读取，直接从物理输入读取位数据值，而非从过程映像寄存器中读取。立即读取不会更新过程映像寄存器。在输出点的地址后面加":P"，将数值直接写到物理输出点，并将数值写入输出过程映像寄存器。

（2）取非触点指令

取非触点指令可用来改变能流的状态，能流到达取非触点指令时，能流停止；能流未到达取非触点指令时，能流通过。梯形图中，取非触点指令的符号如图 6-16 所示。

图 6-16　取非触点指令的符号

（3）输出线圈指令

如果有能流通过输出线圈，则输出位设置为 1；如果没有能流通过输出线圈，则输出位设置为 0。

（4）反向输出线圈指令

如果有能流通过反向输出线圈，则输出位设置为 0；如果没有能流通过反向输出线圈，则输出位设置为 1，输出线圈指令的符号如图 6-17 所示。

(a) 输出线圈   (b) 反向输出线圈

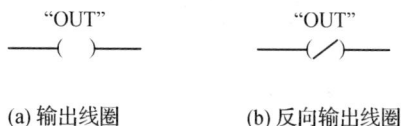

图 6-17 输出线圈指令的符号

2. 位指令

（1）置/复位指令

只要能流到，就能执行置位和复位指令。执行置位指令时，把从指令操作数（bit）指定的地址被置位且保持，置位后，即使能流断，仍保持置位。执行复位指令，指从指令操作数（bit）指定的地址被复位且保持，复位后即使能流断，仍保持复位。由于 CPU 的扫描工作方式，程序中写在后面的指令有优先权。

（2）多点置/复位指令

把从指令操作数（bit）指定的位开始的 n 个点被置位或复位。只要能流到，就能执行多点置位和多点复位指令。执行多点置位指令时，把从指令操作数（bit）指定的地址开始的 n 个点数被置位且保持，置位后，即使能流断，仍保持置位。执行多点复位指令，指从指令操作数（bit）指定的地址开始的 n 个点数被复位且保持，复位后，即使能流断，仍保持复位。由于 CPU 的扫描工作方式，程序中写在后面的指令有优先权。

（3）置位优先触发器与复位优先触发器

如图 6-18 所示：RS 是置位优先触发器，如果置位（S1）和复位（R）信号都为 1，则输出地址 OUT 将为 1；SR 是复位优先触发器，如果置位（S）和复位（R1）信号都为 1，则输出地址 OUT 将为 0。可选 OUT 输出，Q 反映"OUT"地址的信号状态。

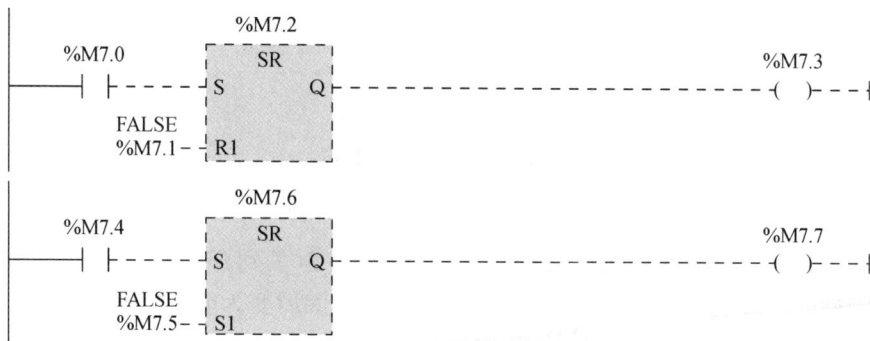

图 6-18 RS 置位优先触发器与 SR 复位优先触发器

两种触发器的功能如表 6-1 所示：

表 6-1　RS 置位优先触发器与 SR 复位优先触发器

置位优先触发器(RS)			复位优先触发器(SR)		
S1 端	R 端	输出端	S 端	R1 端	输出端
0	0	保持原状态	0	0	保持原状态
0	1	0	0	1	0
1	0	1	1	0	1
1	1	1	1	1	0

（4）边沿检测触点指令

上升沿检测触点指令当输入信号"I0.2"由 0 状态变为 1 状态（即输入信号"I0.2"的上升沿），则该触点接通一个扫描周期。P 触点可以放置在程序段中除分支、结尾外的任何位置。

P 触点下面的 M10.0 为边沿存储位，用来存储上一次扫描循环时输"I0.2"的状态。通过比较输入信号的当前状态和上一次循环的状态，来检测信号的边沿。边沿存储位的地址只能在程序中使用一次，它的状态不能在其他地方被改写。只能使用位存储器 M、全局数据块 DB 和静态局部变量 STATIC 作为边沿存储位，不能使用临时局部数据或 I/O 来作为边沿存储位。

下降沿检测触点指令当输入信号"I0.3"由 1 状态变为 0 状态（即输入信号 I0.3 的下降沿），则该触点接通一个扫描周期。N 触点下面的 M10.1 为边沿存储位。N 触点可以放置在程序段中除分支、结尾外的任何位置。

```
     %I0.2                                                    %M2.0
    ──┤P├ ─ ─ ─ ─ ─ ─ ─ ─ ─ ─ ─ ─ ─ ─ ─ ─ ─ ─ ─ ─ ─ ─ ─( SET_BF )─┤
     %M10.0                                                    5


     %I0.3                                                    %M3.0
    ──┤N├ ─ ─ ─ ─ ─ ─ ─ ─ ─ ─ ─ ─ ─ ─ ─ ─ ─ ─ ─ ─ ─ ─ ─(RESET_BF)─┤
     %M10.1                                                    5
```

图 6-19　边沿检测触点

（5）边沿检测线圈指令

上升沿检测线圈在进入线圈的能流中检测到正跳变（关到开）时，分配的位"OUT"为 true，且维持一个扫描周期。能流输入状态总是通过线圈后变为能流输出状态。

下降沿检测线圈在进入线圈的能流中检测到负跳变（开到关）时，分配的位"OUT"为 true，且维持一个扫描周期。能流输入状态总是通过线圈后变为能流输出状态。

边沿检测线圈指令可以放置在程序段中的任何位置，边沿检测线圈不会影响逻辑运算结果 RLO，它对能流是畅通无阻的，其输入的逻辑运算结果被立即送给线圈的输出端。

指 令

使用 STL 指令时,与 STL 触点相连的触点应使用 LD 或 LDI 指令。

STL 指令梯形图程序的结束处,一定要使用 RET 指令,才能使 LD 点回到左侧母线上。

使用 STL 指令时允许双线圈输出。

与基本指令不同,功能指令不是表达梯形图符号键的相互关系,而是直接表达本指令的功能。

在指令助记符后标有"P"的为脉冲执行型指令,无"P"的为连续执行型指令。

五、知识库

1. 七段码的控制

七段数码管分为共阳极和共阴极,共阳极的七段数码管的正极(或阳极)为八个发光二极管的共有正极,其他接点为独立发光二极管的负极(或阴极),使用者只需把正极接电,不同的负极接地就能控制七段数码管显示不同的数字。共阴极的七段数码管与共阳极的七段数码管只是接驳方法相反而已。

七段数码管以特定的集成电路控制,只要向集成电路输入 4-bit 的二进制数字信号就能控制七段数码管显示。市面上更有 8421 - BCD 码直接转为七段数码管控制电平的 IC,方便配合单片机使用。

2. 七段码显示字符

一般七段数码管拥有七个发光二极管(三横四纵)用以显示十进制 0—9 的数字外加小数点,也可以显示英文字母,包括十六进制中的英文 A — F(b,d 为小写,其他为大写)。七段码显示字符如图 6 - 20 所示。

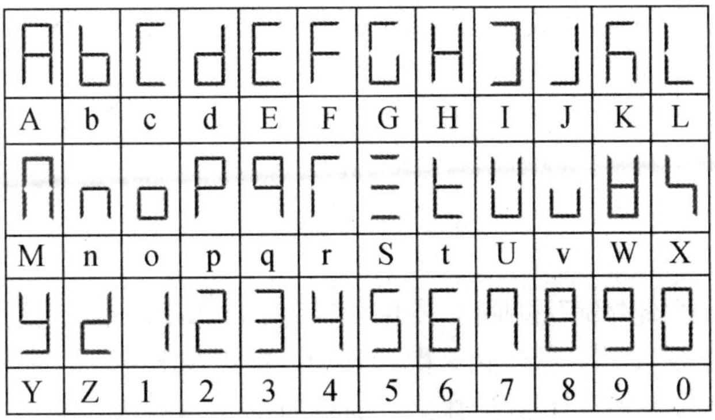

A	b	c	d	E	F	G	H	I	J	K	L
M	n	o	p	q	r	S	t	U	v	W	X
Y	Z	1	2	3	4	5	6	7	8	9	0

图 6 - 20 七段码显示字符

3. 七段码的驱动方式

（1）直流驱动

直流驱动是指每个数码管的每一个段码都由一个单片机的 I/O 端口进行驱动,或者使用如二-十进制译码器译码进行驱动。优点是编程简单、显示亮度高,缺点是占用 I/O 端口多。

（2）动态显示驱动

动态显示驱动是将所有数码管通过分时轮流控制各个数码管的 COM 端,使各个数码管轮流受控显示。将所有数码管的八个显示笔画"a,b,c,d,e,f,g,dp"的同名端连在一起,另外为每个数码管的公共极 COM 增加位选通控制电路,位选通由各自独立的 I/O 线控制,当单片机输出字形码时,所有数码管都接收到相同的字形码,但究竟是哪个数码管会显示出字形,取决于单片机对位选通 COM 端电路的控制,所以只要将需要显示的数码管的选通控制打开,该位就显示出字形,没有选通的数码管就不会亮。

六、练习与思考

（一）判断题

1. 常开触点中带"/"符号。（　　）

2. 当存储器某位地址的位(bit)值为 1,与之对应的常闭触点值为 0,表示该常闭触点断开。（　　）

3. 只要能流到,就能执行置位和复位指令。（　　）

4. 执行复位指令,指从指令操作数(bit)指定的地址被复位且保持,复位后如果能流断,则不能保持复位。（　　）

5. 对于立即读取,直接从过程映像寄存器中读取位数据值。（　　）

6. 上升沿检测触点指令当输入信号"IN"由 0 状态变为 1 状态,则该触点接通一个扫描周期。（　　）

7. N 触点只能放置在程序段中分支、结尾位置。（　　）

8. 边沿存储位的地址只能在程序中使用一次,它的状态不能在其他地方被改写。（　　）

9. 上升沿检测线圈在进入线圈的能流中检测到正跳变(开到关)时,分配的位"OUT"为 true。（　　）

10. 下降沿检测线圈在进入线圈的能流中检测到负跳变(开到关)时,分配的位"OUT"为 true。（　　）

（二）选择题

1. 触点指令与线圈指令不包括（　　）。

A. 常开触点指令　　B. 常闭触点指令　　C. 输入线圈指令　　D. 输出线圈指令

2. 表示某常开触点闭合时,存储器某位地址的位(bit)值为（　　）,与之对应的常开触点位值为（　　）。

A. 0,0　　　　　　　B. 0,1　　　　　　　C. 1,0　　　　　　　D. 1,1

3. 表示某常开触点断开时,存储器某位地址的位(bit)值为(　　),与之对应的常开触点位值为(　　)。

A. 0,0　　　　　　　B. 0,1　　　　　　　C. 1,0　　　　　　　D. 1,1

4. 取非触点指令可用来改变能流的(　　)。

A. 密度　　　　　　B. 状态　　　　　　C. 方向　　　　　　D. 速度

5. 能流到达取非触点指令时,能流就(　　);能流未到达取非触点指令时,能流就(　　)。

　A. 通过,通过　　　B. 通过,停止　　　C. 停止,通过　　　D. 停止,停止

6. 如果有能流通过输出线圈,则输出位设置为(　　);如果没有能流通过输出线圈,则输出位设置为(　　)。

A. 0,0　　　　　　　B. 0,1　　　　　　　C. 1,0　　　　　　　D. 1,1

7. 如果有能流通过反向输出线圈,则输出位设置为(　　);如果没有能流通过反向输出线圈,则输出位设置为(　　)。

A. 0,0　　　　　　　B. 0,1　　　　　　　C. 1,0　　　　　　　D. 1,1

8. 置位优先触发器是(　　)。

A. RS　　　　　　　B. S1　　　　　　　C. R1　　　　　　　D. R

9. 置位优先触发器,如果(　　)和(　　)信号都为1,则输出地址 OUT 将为1。

A. 置位(S),复位(R)　　　　　　　　　B. 置位(S),复位(R1)

C. 置位(S1),复位(R)　　　　　　　　 D. 置位(S1),复位(R1)

10. 七段码显示字符 Z 是以下哪一项?(　　)

A.　　　　　　　　B.　　　　　　　　C.　　　　　　　　D.

(三) 填空题

1. 当存储器某位地址的位(bit)值为 0,则与之对应的常闭触点位值为 1,表示_____。

2. 如果用户指定的输入位使用存储器标识符 I(输入)或 Q(输出),则从_____中读取位值。

3. 多点置/复位指令是指把从指令操作数(bit)指定的位开始的_____个点被置位或复位。

4. 只能使用_____来作为边沿存储位。

5. 共阳极的七段数码管的正极(或阳极)为八个发光二极管的共有正极,其他接点为_____。

(四) 思考题

1. 简述七段码译码指令的功能及应用。

2. 简述七段码的两种驱动方式。

一、项目目标

1. 学习 PLC 简单逻辑控制。

2. 学习水塔水位多种液体混合模拟模块的硬件设计、安装与调试。

二、项目任务

1. 项目任务背景

随着工业技术的发展,液体的混合操作是一些工厂关键的环节,也是生产过程中十分重要的组成部分。一般要求多种液体在不同时刻向容器中注入不同的量,由此对混合液体的配比提出了很高的要求,其质量取决于设计、制造和检测各个环节,液位的高低是影响液体质量的关键因素,液体混合装置的要求设备对液体的混合质量、生产效率和自动化程度高,适用范围广,抗恶劣环境等。本项目设计一个液体混合搅拌系统,该系统能检测液体的液位高低,并控制液体的排放。

思政小课堂

严谨细致

响应倡导的"工匠精神"和精细化工作态度,善于在精细中出彩是对我们的新要求。而"工匠精神"的核心要义就是凡事追求精细、完美、卓越和极致、养成严谨细致的好作风。做事严谨细致是一种工作态度,反映了一种工作作风。要把每一个方面、每一个环节、每一个步骤都考虑得周密严谨细致,避免工作出现纰漏。深思熟虑,精心运筹,周密到细致制定规划方案从多个维度出发,兼顾到工作的各个方面,对工作推进中的每一个环节及每个环节中的每一个细节都毫不放松,做到善始善终。本项目对混合液体的配比以及液体搅拌时间都提出了很高的要求,这就要求学生在实训过程中做到认真严谨,客观细致地掌握工作重点,兼顾实验中的每个环节、每个细节,养成严谨细致的好作风。

2. 项目任务所需设备

本项目中的水塔水位多种液体混合模拟模块是由 14 个指示灯、亚克力板、牛角头、指示灯、电路板等组成,模拟真实水塔水位多种液体混合场景。该模块具备模拟多种不同的液体通过控制进行流入、混合、混合比例、加工搅拌、流出等工序的功能,水塔水位多种液体混合模拟模块如图7-1所示。

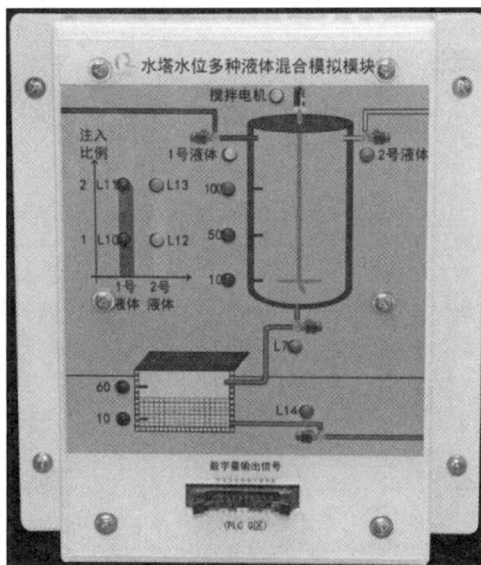

图7-1 水塔水位多种液体混合模拟模块

3. 项目任务描述

本项目主要任务是设计一个水塔水位多种液体混合模拟模块,模拟多种液体原料按比例混合。功能要求如下。

根据不同液体比例,如1号液体与2号液体的比例为1:1,则1号液体与2号液体通阀1 s后,打开搅拌电机搅拌2.5 s,搅拌完成后打开蓄水阀,蓄水位达到60后打开放水阀,放水到10之后关闭放水阀。

【微信扫码】
水塔水位多种液体
混合模拟模块
任务描述

三、项目实施

(一)解决方案一

1. 建立FB块

建立水塔水位多种液体混合模拟功能块,如图7-2所示,将特定的功能打包成一个块,可以在程序中重复调用,提高了程序开发效率。

图7-2 建立FB块

2. 定义背景变量

根据设计要求,双击项目树 PLC 设备下的"PLC 变量",打开 PLC 变量表编辑器,定义 PLC 变量,如图 7－3 和图 7－4 所示。

水塔水位多种液体混合模块

	名称	数据类型	默认值	保持
▼	InOut			
■	三色灯-黄	Bool	false	非保持
■	三色灯-绿	Bool	false	非保持
■	1号液体比例1 (L10)	Bool	false	非保持
■	1号液体比例2 (L11)	Bool	false	非保持
■	2号液体比例1 (L12)	Bool	false	非保持
■	2号液体比例2 (L13)	Bool	false	非保持
■	1号液体	Bool	false	非保持
■	2号液体	Bool	false	非保持
■	搅拌电机	Bool	false	非保持
■	水塔水位10	Bool	false	非保持
■	水塔水位50	Bool	false	非保持
■	水塔水位100	Bool	false	非保持
■	蓄水阀(L7)	Bool	false	非保持
■	放水阀(L14)	Bool	false	非保持
■	蓄水池水位10	Bool	false	非保持
■	蓄水池水位60	Bool	false	非保持
■	1号液体通阀	Bool	false	非保持
■	2号液体通阀	Bool	false	非保持

图 7－3　定义背景变量(1)

		名称	数据类型	默认值	保持
▼		Static			
■	▶	1	Array[0..9] of Bool		非保持
■		流程	Int	0	非保持
■		1号液体通阀时间	Time	T#0ms	非保持
■		2号液体通阀时间	Time	T#0ms	非保持
■	▶	IEC_Timer_0_Instance	TON_TIME		非保持
■	▶	IEC_Timer_0_Instance_1	TON_TIME		非保持
■	▶	IEC_Timer_0_Instance_2	TON_TIME		非保持
■	▶	IEC_Timer_0_Instance_3	TON_TIME		非保持
■	▶	IEC_Timer_0_Instance_4	TON_TIME		非保持
■	▶	IEC_Timer_0_Instance_5	TON_TIME		非保持
■	▶	IEC_Timer_0_Instance_6	TON_TIME		非保持
■	▶	IEC_Timer_0_Instance_7	TON_TIME		非保持
▼		Temp			

图 7－4　定义背景变量(2)

3. 程序设计

水塔水位多种液体混合模拟模块的梯形图,如图7-5至图7-11所示。

程序段1：.....

注释

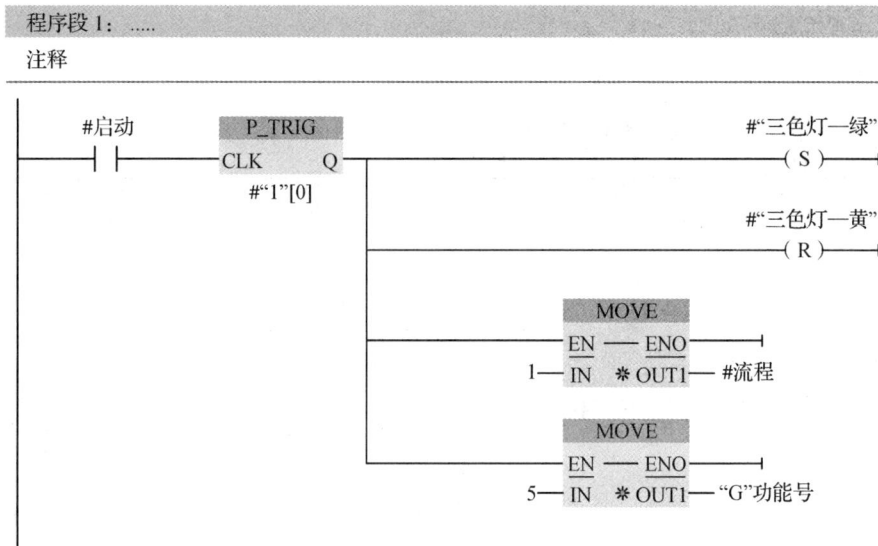

图7-5 程序段1

程序段2：.....

注释

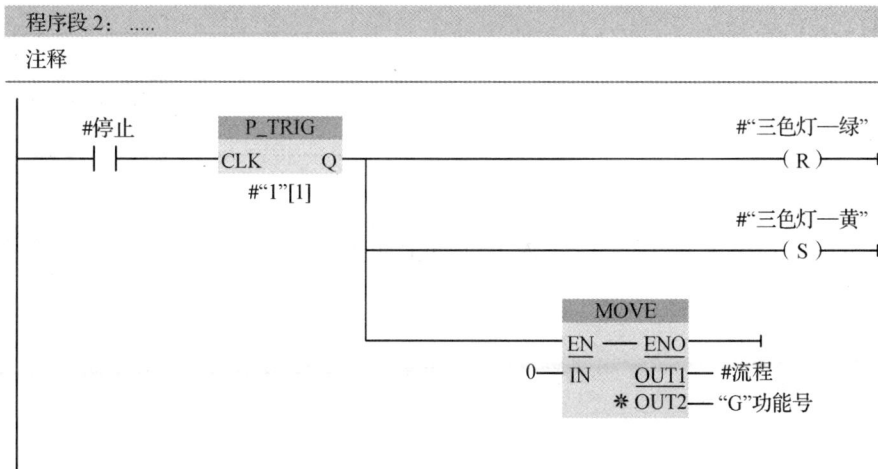

图7-6 程序段2

程序段 3：.....

注释

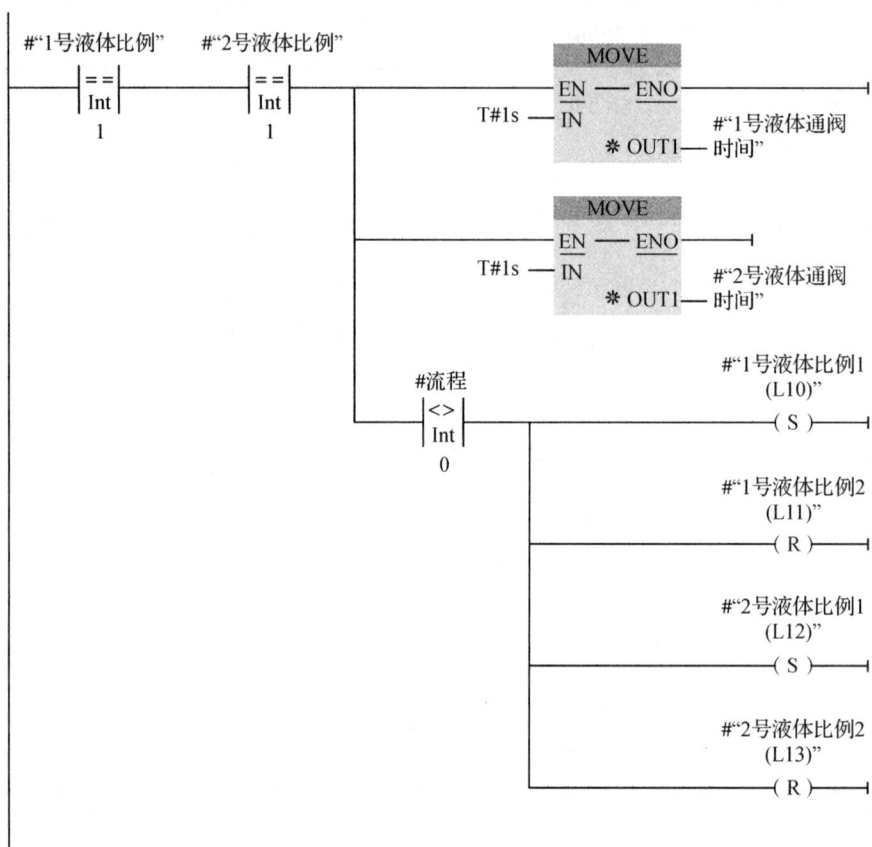

图 7-7　程序段 3

程序段4：……

注释

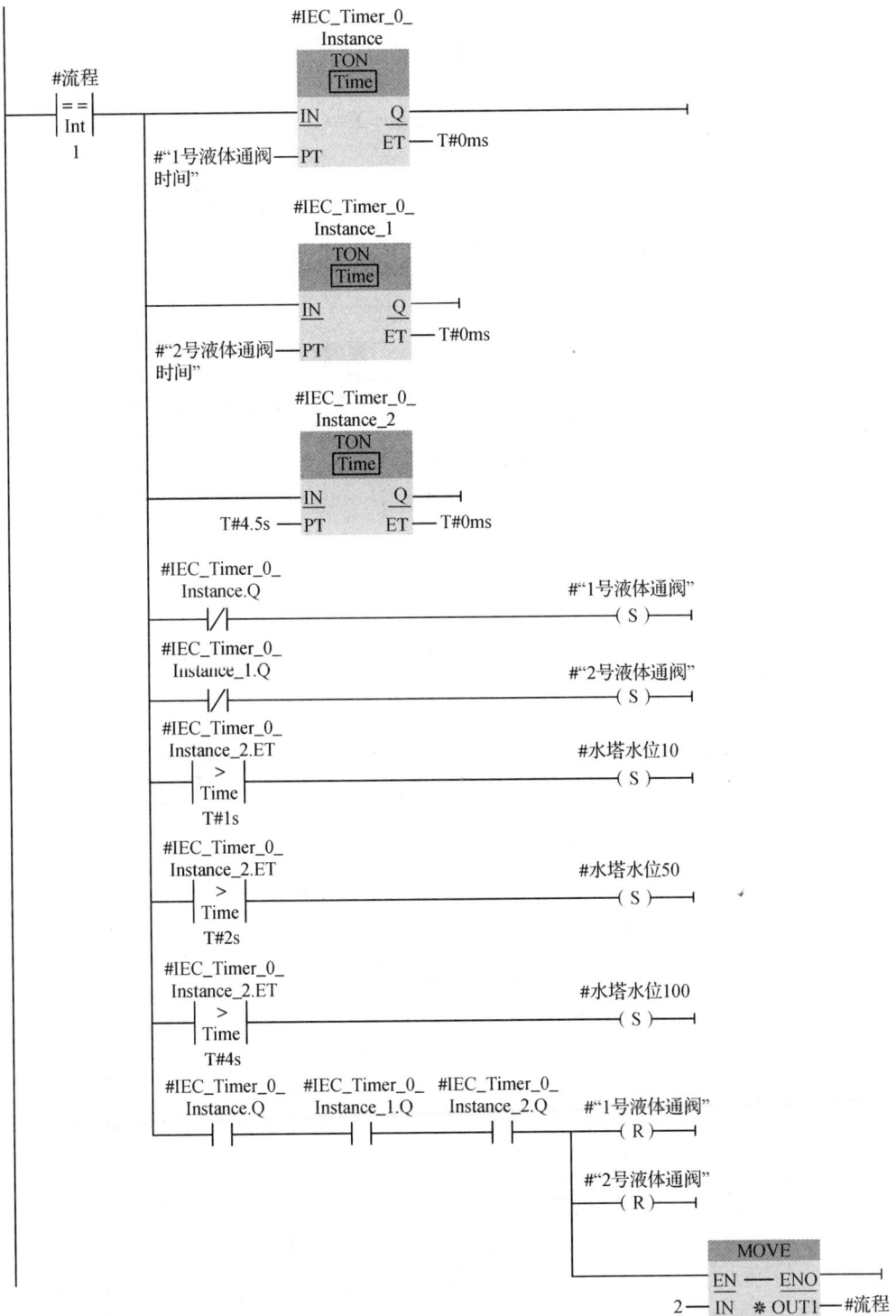

图7-8 程序段4

程序段 5：搅拌

注释

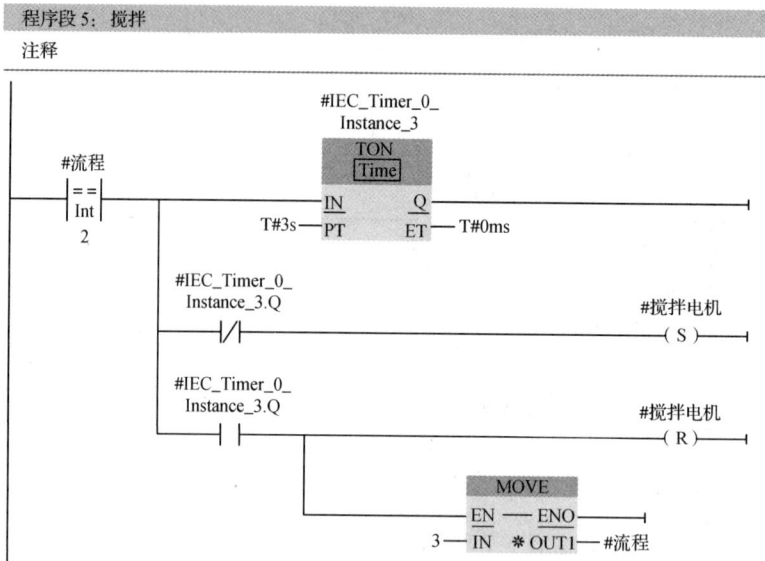

图 7-9　程序段 5

程序段 6：……

注释

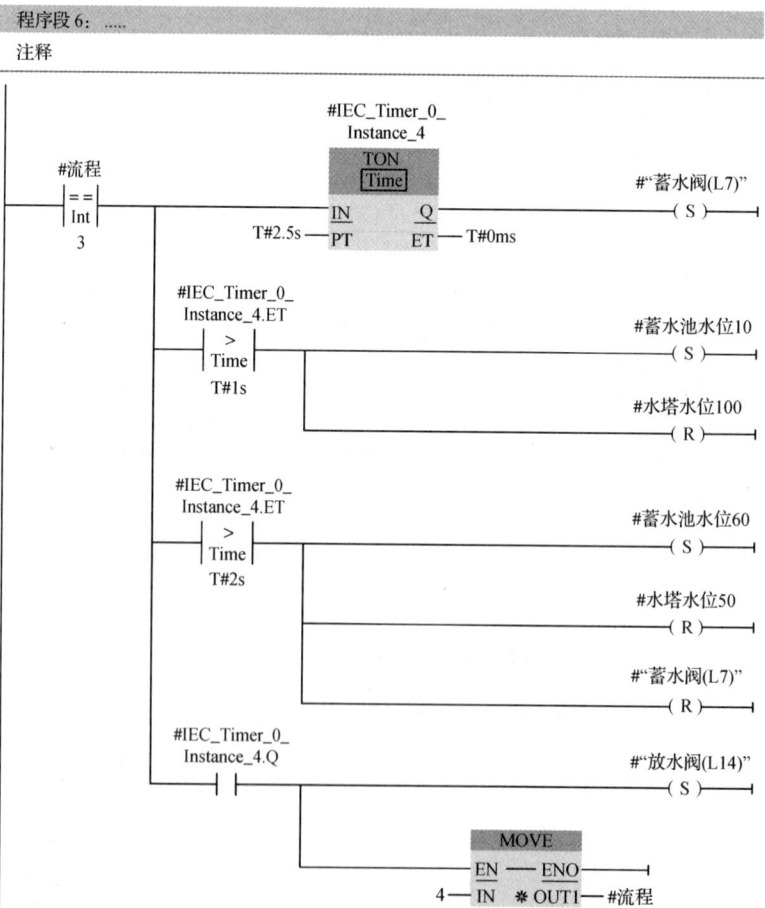

图 7-10　程序段 6

程序段7:……

注释

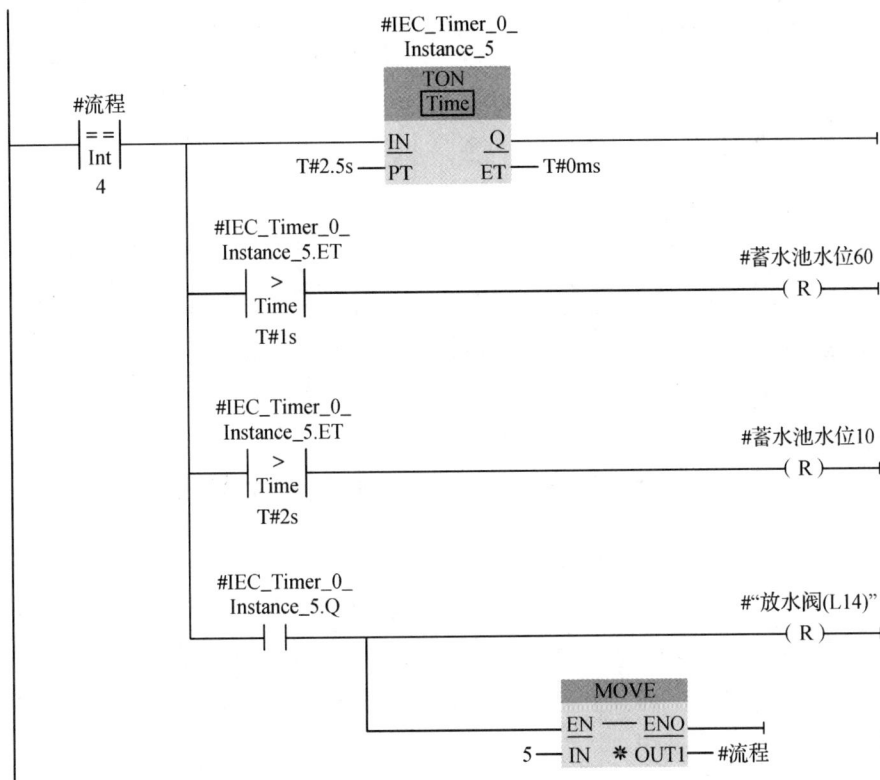

图 7 - 11　程序段 7

4. 项目注意事项

（1）设备电源经过严格计算，禁止在设备电源处引出其他设备供电。

（2）检查接线无误后，并经指导老师检查同意后通电实验。

（3）非专业操作人员，请在专业人员指导下操作设备。

（4）设备上电状态下，请勿用手触碰元器件接线端，以免发生触电。

（二）解决方案二

1. 新建 PLC 变量表

在项目树的 PLC 变量中添加新表量表——水塔水位多种液体混合模拟，将变量分配给相应的 I/O 地址，并新建数据块 DB1 中间变量，如图 7 - 12 和图 7 - 13 所示。

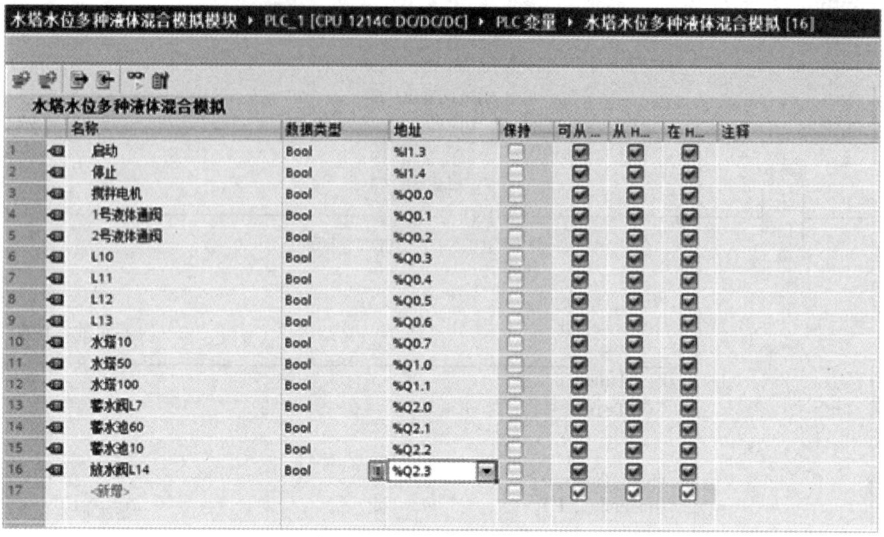

	名称	数据类型	地址	保持	可从 ...	从 H...	在 H...	注释
1	启动	Bool	%I1.3	☐	☑	☑	☑	
2	停止	Bool	%I1.4	☐	☑	☑	☑	
3	搅拌电机	Bool	%Q0.0	☐	☑	☑	☑	
4	1号液体通阀	Bool	%Q0.1	☐	☑	☑	☑	
5	2号液体通阀	Bool	%Q0.2	☐	☑	☑	☑	
6	L10	Bool	%Q0.3	☐	☑	☑	☑	
7	L11	Bool	%Q0.4	☐	☑	☑	☑	
8	L12	Bool	%Q0.5	☐	☑	☑	☑	
9	L13	Bool	%Q0.6	☐	☑	☑	☑	
10	水塔10	Bool	%Q0.7	☐	☑	☑	☑	
11	水塔50	Bool	%Q1.0	☐	☑	☑	☑	
12	水塔100	Bool	%Q1.1	☐	☑	☑	☑	
13	蓄水阀L7	Bool	%Q2.0	☐	☑	☑	☑	
14	蓄水池60	Bool	%Q2.1	☐	☑	☑	☑	
15	蓄水池10	Bool	%Q2.2	☐	☑	☑	☑	
16	放水阀L14	Bool	%Q2.3	☐	☑	☑	☑	
17	<新增>			☐	☑	☑	☑	

图 7－12　水塔水位多种液体混合模拟变量表

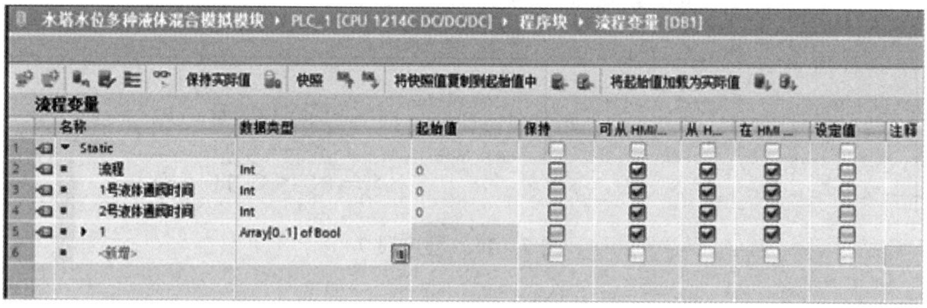

	名称	数据类型	起始值	保持	可从 HMI/...	从 H...	在 HMI ...	设定值	注释
1	▼ Static			☐	☐	☐	☐	☐	
2	流程	Int	0	☐	☑	☑	☑	☐	
3	1号液体通阀时间	Int	0	☐	☑	☑	☑	☐	
4	2号液体通阀时间	Int	0	☐	☑	☑	☑	☐	
5	▸ 1	Array[0..1] of Bool		☐	☑	☑	☑	☐	
6	<新增>			☐	☐	☐	☐	☐	

图 7－13　水塔水位多种液体混合模拟中间变量

2. 程序设计

(1) 将地址 I1.3 分配给启动按钮，I1.4 分配给停止按钮，如图 7－14 程序段 1 和程序段 2 所示。

程序段 1：.....

注释

%I1.3
"启动"
P_TRIG
CLK　　Q
"流程变量"."1"[0]

MOVE
EN ── ENO
0 ── IN ＊ OUT1 ──"流程变量".流程

程序段 2：.....

注释

%I1.4
"停止"

%Q0.3
"L10"
(R)

%Q0.4
"L11"
(R)

%Q0.5
"L12"
(R)

%Q0.6
"L13"
(R)

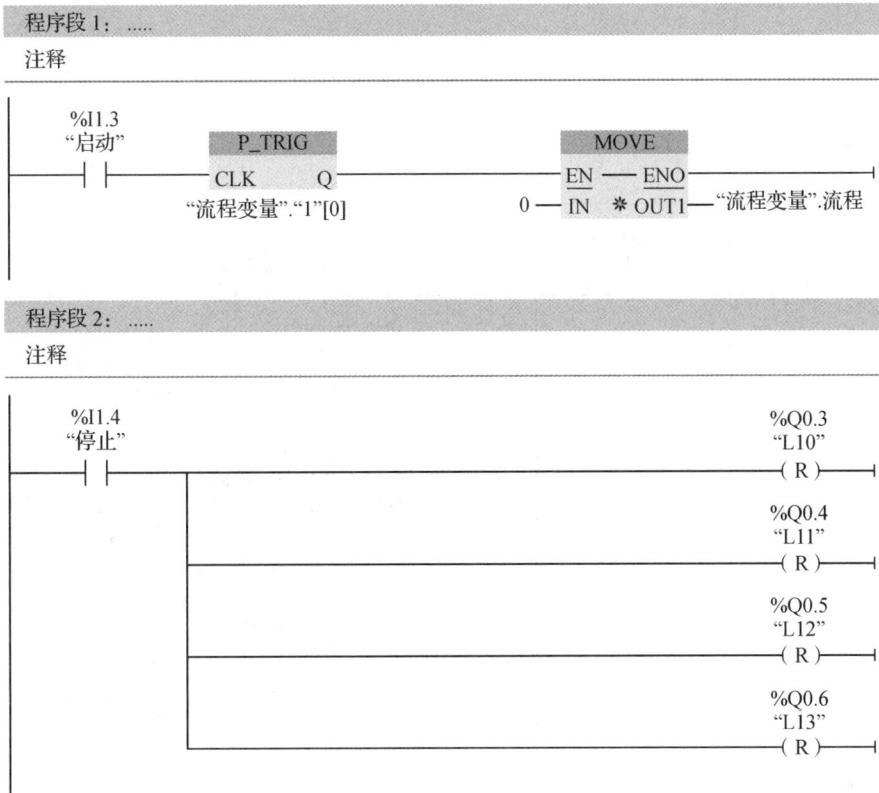

图 7‑14　程序段 1 和程序段 2

　　(2) 1 号液体与 2 号液体的比例为 1：1,则 1 号液体与 2 号液体通阀时间为 1 s；1 号液体与 2 号液体的比例为 1：2,则 1 号液体通阀时间为 1 s、2 号液体通阀时间为 2 s；1 号液体与 2 号液体的比例为 2：1,则 1 号液体通阀时间为 2 s、2 号液体通阀时间为 1 s；1 号液体与 2 号液体的比例为 2：2,则 1 号液体与 2 号液体通阀时间为 2 s。如图 7‑15 程序段 3、图 7‑16 程序段 4、图 7‑17 程序段 5 和图 7‑18 程序段 6 所示。

程序段 3：.....

注释

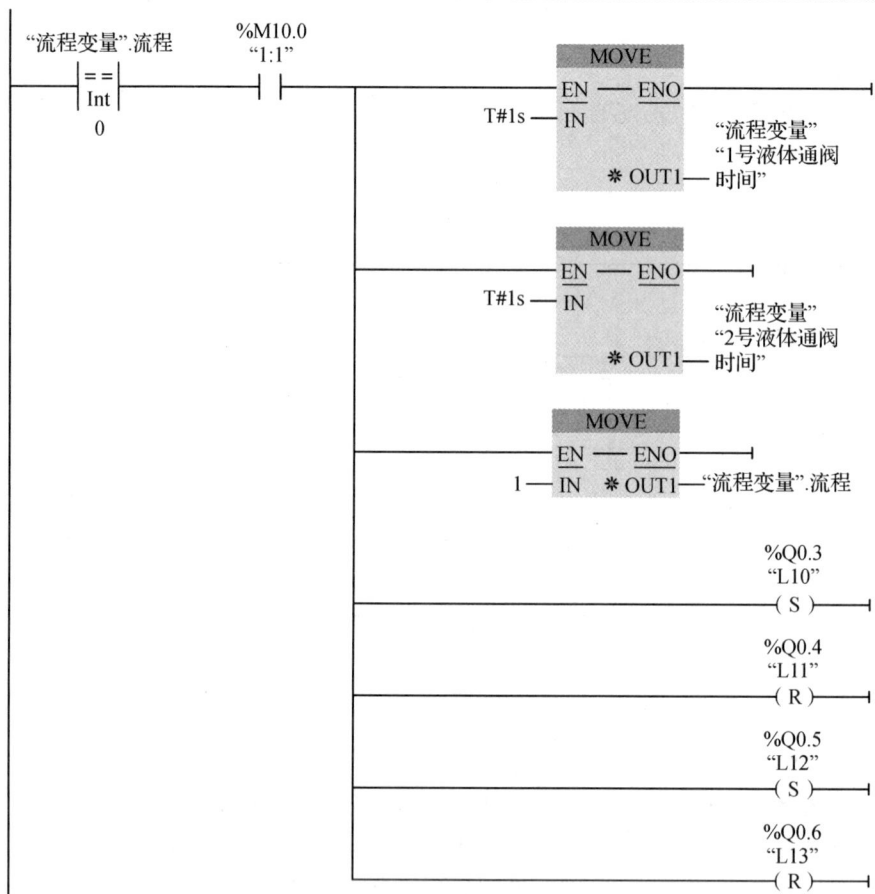

图 7-15 程序段 3

程序段4：.....

注释

```
"流程变量".流程        %M10.1                          MOVE
   ==              "1:2"                      EN ──── ENO
  ┤Int├              ┤ ├                T#1s ─ IN
   0                                              "流程变量"
                                          ✷ OUT1 ─ "1号液体通阀
                                                    时间"

                                                 MOVE
                                              EN ──── ENO
                                        T#2s ─ IN
                                                    "流程变量"
                                          ✷ OUT1 ─ "2号液体通阀
                                                    时间"

                                                 MOVE
                                              EN ──── ENO
                                           1 ─ IN ✷ OUT1 ─ "流程变量".流程

                                                    %Q0.3
                                                    "L10"
                                                   ──( S )──

                                                    %Q0.4
                                                    "L11"
                                                   ──( R )──

                                                    %Q0.5
                                                    "L12"
                                                   ──( S )──

                                                    %Q0.6
                                                    "L13"
                                                   ──( S )──
```

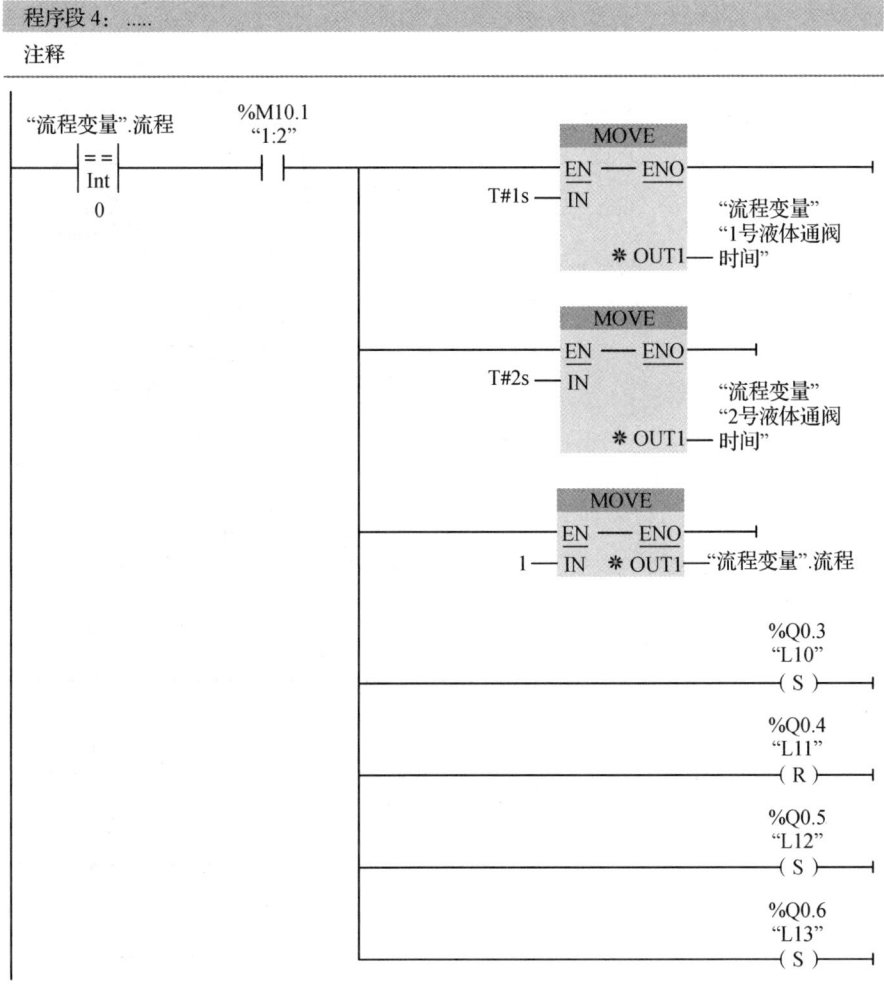

图 7 - 16　程序段 4

程序段 5：.....

注释

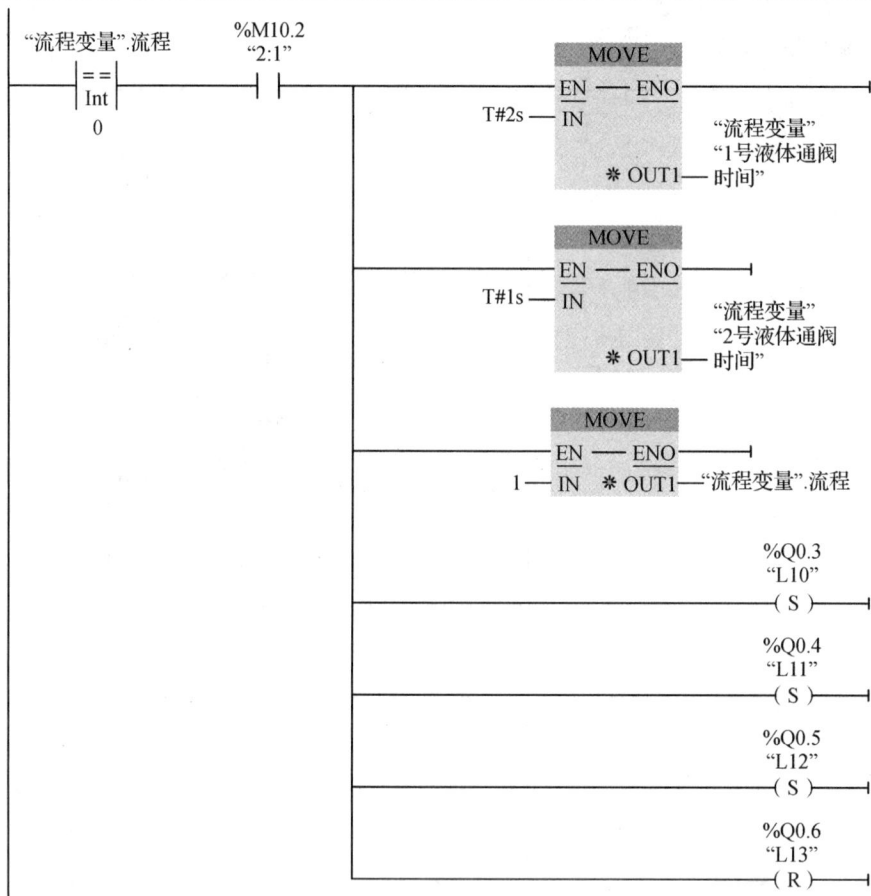

图 7-17　程序段 5

程序段 6：⋯⋯

注释

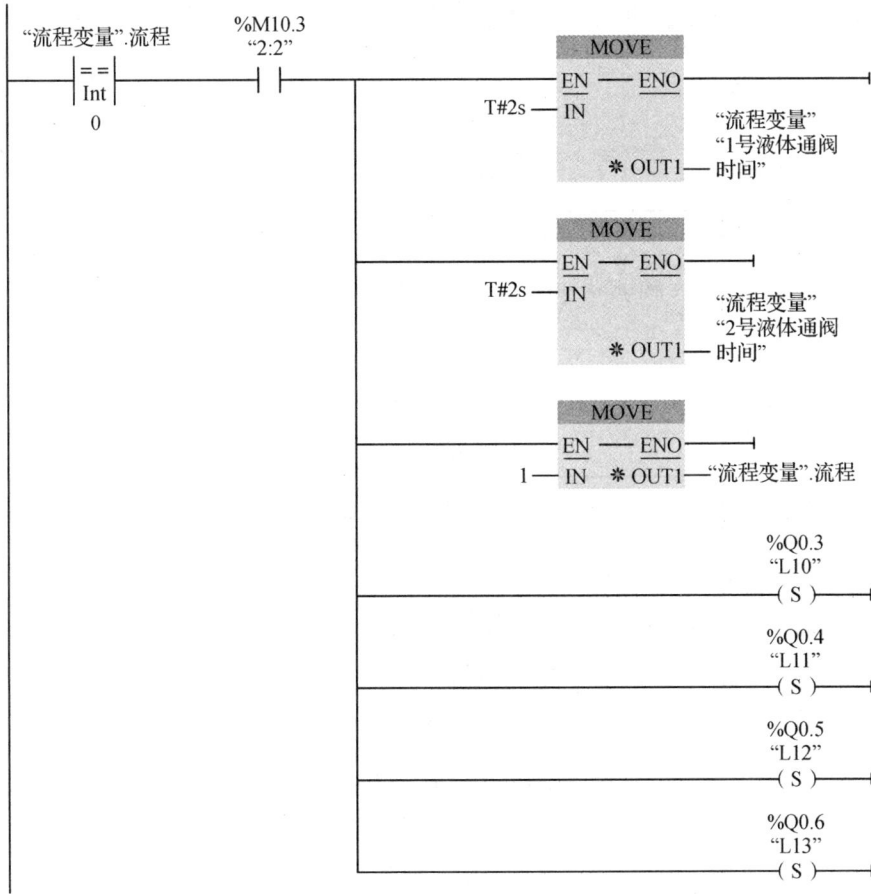

图 7－18　程序段 6

（3）1 号液体和 2 号液体通阀分别置位相应的时间注入水塔，如图 7 - 19 和图 7 - 20 程序段 7 所示。

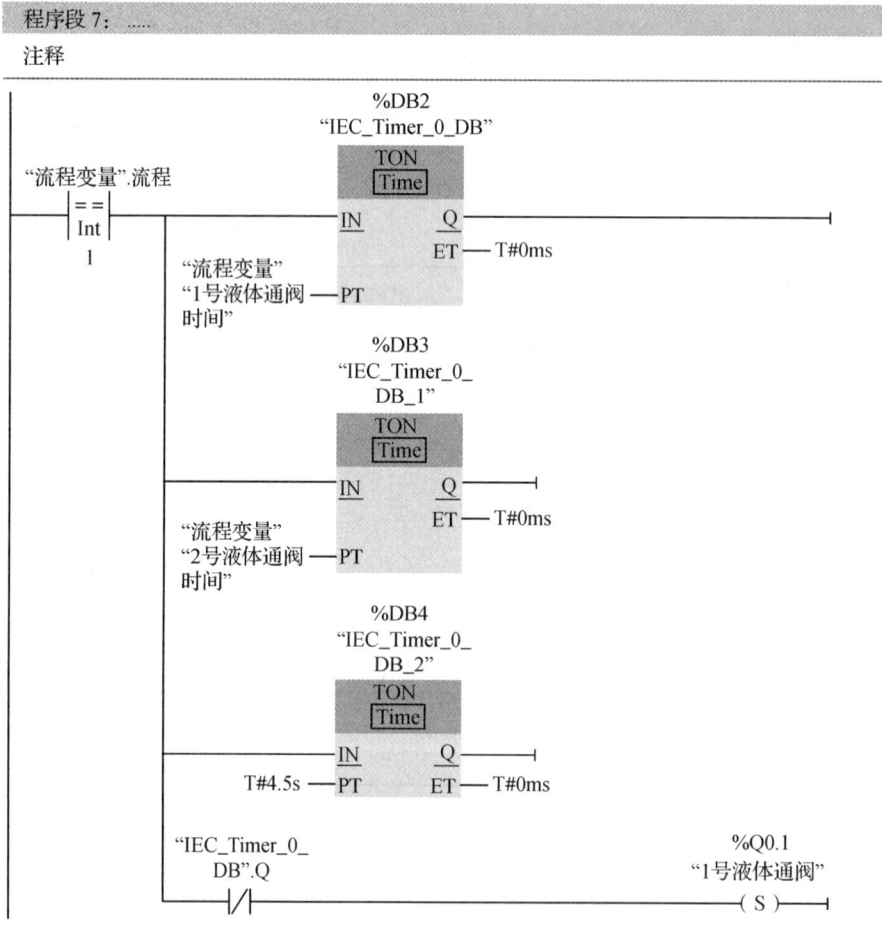

图 7 - 19　程序段 7(1)

```
    "IEC_Timer_0_                                    %Q0.2
      DB_1".Q                                      "2号液体通阀"
    ─────┤/├──────────────────────────────────────( S )────────

    "IEC_Timer_0_                                    %Q0.7
      DB_2".ET                                       "水塔10"
    ─────┤ > ├────────────────────────────────────( S )────────
         │Time│
        T#1s

    "IEC_Timer_0_                                    %Q1.0
      DB_2".ET                                       "水塔50"
    ─────┤ > ├────────────────────────────────────( S )────────
         │Time│
        T#2s

    "IEC_Timer_0_                                    %Q1.1
      DB_2".ET                                      "水塔100"
    ─────┤ > ├────────────────────────────────────( S )────────
         │Time│
        T#4s

  "IEC_Timer_0_    "IEC_Timer_0_    "IEC_Timer_0_     %Q0.1
      DB".Q           DB_1".Q          DB_2".Q      "1号液体通阀"
    ───┤ ├──────────┤ ├──────────────┤ ├──────────( R )────────
                                          │
                                          │          %Q0.2
                                          │        "2号液体通阀"
                                          ├────────( R )────────
                                          │
                                          │        ┌─────────────┐
                                          │        │    MOVE     │
                                          └────────┤EN       ENO ├───
                                                 2─┤IN  ✱ OUT1├─"流程变量".流程
                                                   └─────────────┘
```

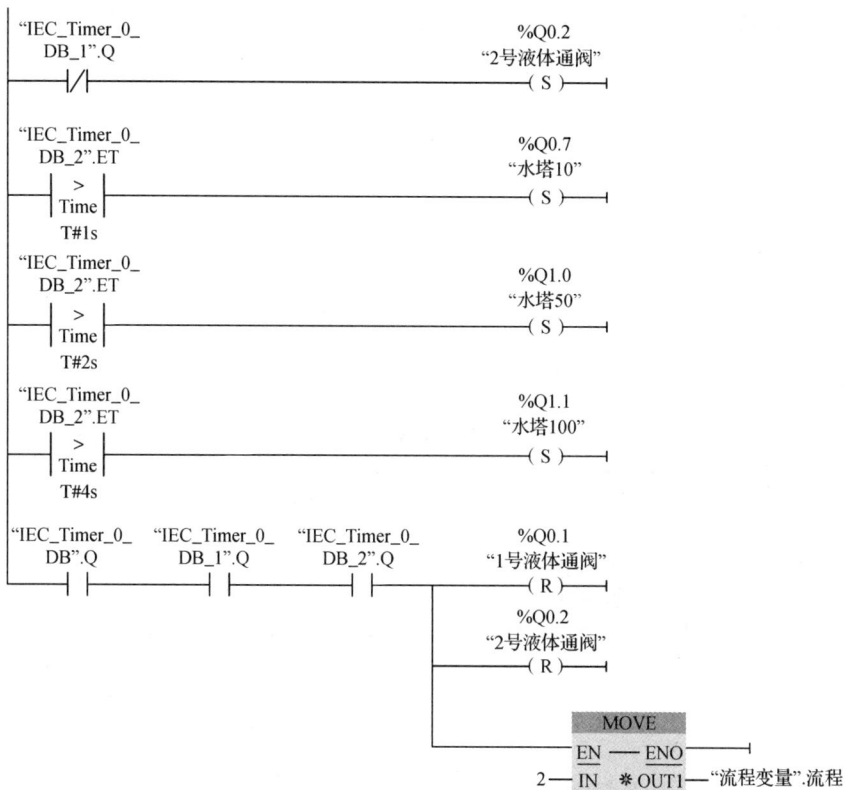

图 7-20 程序段 7(2)

(4) 打开搅拌电机搅拌 3 s,如图 7-21 程序段 8 所示。

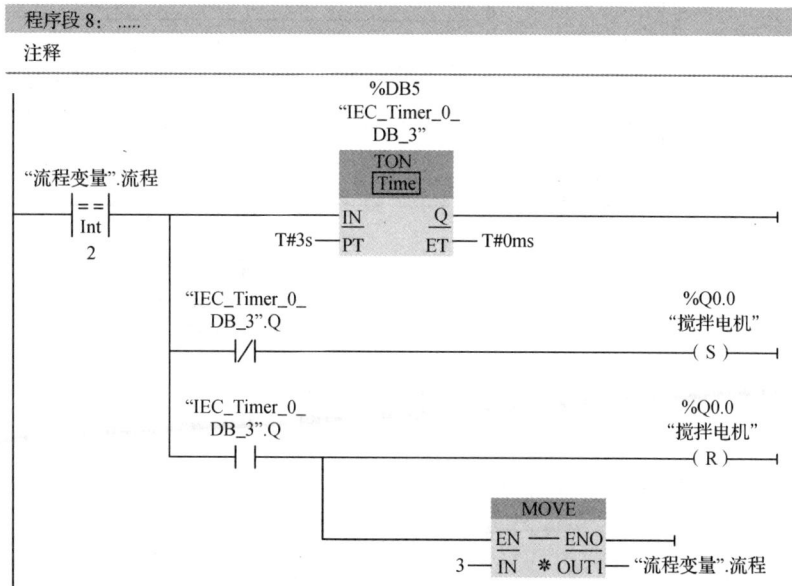

```
程序段 8: ……
注释
──────────────────────────────────────────────────────────
                                  %DB5
                             "IEC_Timer_0_
                                DB_3"
  "流程变量".流程             ┌─────────────┐
  ┌───┐                      │     TON     │
  │== │                      │    Time     │
  │Int│                      ├─────────────┤
  └───┘─────────────────────┤IN         Q ├──────────────────
    2                        │             │
                      T#3s──┤PT        ET ├─T#0ms
                             └─────────────┘

              "IEC_Timer_0_                         %Q0.0
                DB_3".Q                           "搅拌电机"
              ────┤/├──────────────────────────( S )────────

              "IEC_Timer_0_                         %Q0.0
                DB_3".Q                           "搅拌电机"
              ────┤ ├──────────┬──────────────( R )────────
                               │
                               │        ┌─────────────┐
                               │        │    MOVE     │
                               └────────┤EN       ENO ├───
                                      3─┤IN  ✱ OUT1├─"流程变量".流程
                                        └─────────────┘
```

图 7-21 程序段 8

（5）搅拌完成后打开蓄水阀，蓄水位达到 60 后打开放水阀，如图 7 - 22 程序段 9 所示。

程序段 9：.....

注释

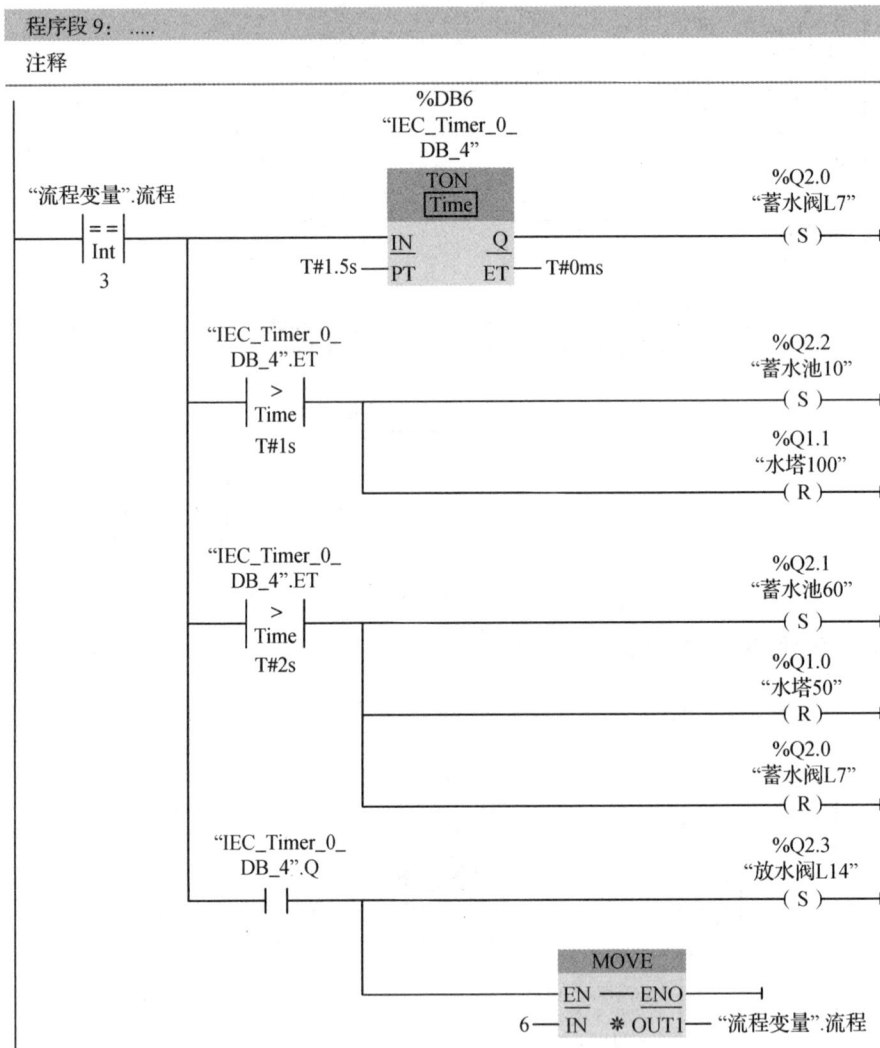

图 7 - 22　程序段 9

（6）放水到蓄水池 10 之后关闭放水阀，如图 7 - 23 程序段 10 所示。

程序段10: .....
注释

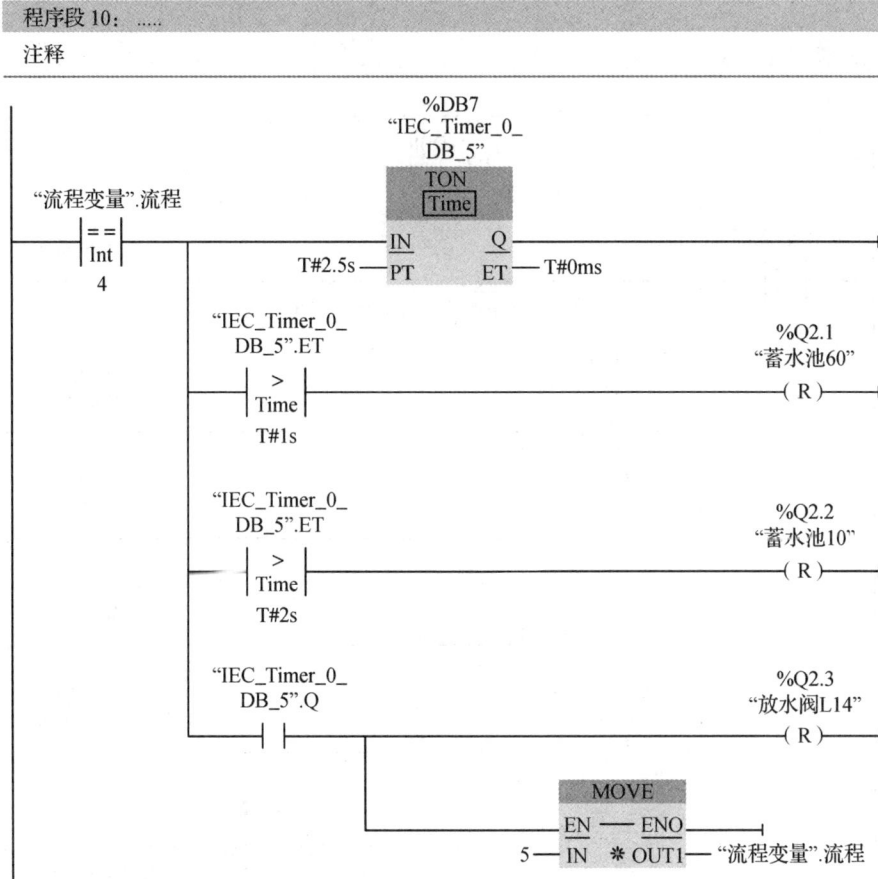

图 7 - 23 程序段 10

（7）将水塔中剩余的混合液体注入蓄水池中，打开放水阀，如图 7 - 24 程序段 11 和图 7 - 25 程序段 12 所示。

程序段 11：·····

注释

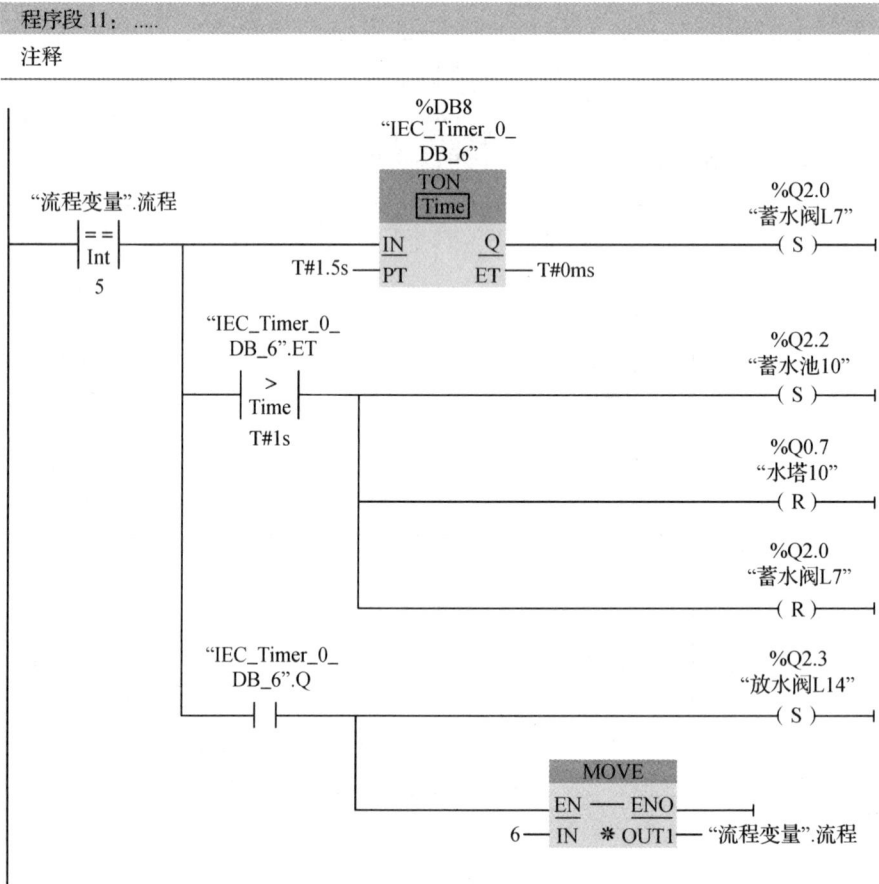

图 7 - 24　程序段 11

程序段 12：……

注释

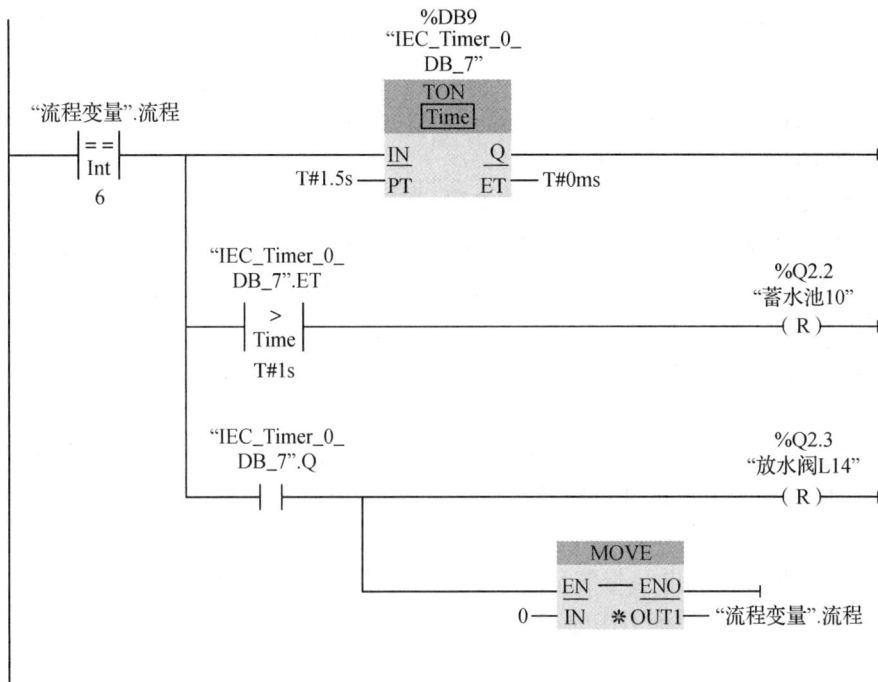

图 7－25　程序段 12

四、项目拓展

【微信扫码】
水塔水位多种液体
混合模拟模块拓展

1. 调节阀

调节阀是最终控制元件的最广泛使用型式。其他最终控制元件包括计量泵、调节挡板和百叶窗式挡板(一种蝶阀的变型)、可变斜度的风扇叶片、电流调节装置以及不同于阀门的电动机定位装置。

常见的控制回路包括三个主要部分,第一部分是敏感元件,它通常是一个变送器。它是一个能够用来测量被调工艺参数的装置,这类参数如压力、液位或温度。变送器的输出被送到调节仪表——调节器,它确定并测量给定值或期望值与工艺参数的实际值之间的偏差,一个接一个地把校正信号送出给最终控制元件——调节阀。阀门改变了流体的流量,使工艺参数达到了期望值。

在气动调节系统中,调节器输出的气动信号可以直接驱动弹簧-薄膜式执行机构或活塞式执行机构,使阀门动作。在这种情况下,确定阀位所需的能量是由压缩空气提供的,压缩空气应当在室外的设备中加以干燥,以防止冻结,并应净化和过滤。

当一个气动调节阀和电动调节器配套使用时,可采用电-气阀门定位器或电-气转换器。压缩空气的供气系统可以和用于全气动的调节系统一样来考虑。

2. 变送器

变送器的作用是将物理测量信号或普通电信号转换为标准电信号输出或能够以通信协议方式输出的设备。一般分为温度/湿度变送器、压力变送器、差压变送器、液位变送器、电流变送器、电量变送器、流量变送器、重量变送器等。除有传感的功能之外还有放大整形的功能，输出为标准的控制信号。

二线制传输方式中，供电电源、负载电阻、变送器是串联的，即两根导线同时传送变送器所需的电源和输出电流信号，目前大多数变送器均为二线制变送器。四线制传输方式中，供电电源、负载电阻是分别与变送器相连的，即供电电源和变送器输出信号分别用两根导线传输。

两线制电流变送器的输出为 4—20 mA，通过 250 Ω 的精密电阻转换成 1—5 V 或 2—10 V 的模拟电压信号。转换成数字信号有多种方法，如果系统是在环境较为恶劣的工业现场长期使用，需考虑硬件系统工作的安全性和可靠性。系统的输入模块采用压频转换器件 LM231 将模拟电压信号转换成频率信号，用光电耦合器件 TL117 进行模拟量与数字量的隔离。

同时模拟信号处理电路与数字信号处理电路分别使用两组独立的电源，模拟与数字相互分开，这样可提高系统工作的安全性。

五、知识库

1. 模拟量

生产过程中大量连续变化的模拟量信号，有的是非电量，如温度、压力、流量、液位、速度等，需要利用传感器进行检测，用变送器将非电量转换为标准的电压或电流信号，并将信号输送到模拟量模块，模拟量模块完成 A/D 转换，生成数字量送到 CPU 进行数据处理。同时，CPU 可以将数字量输入模拟量输出模块，转换为模拟量。

（1）模拟量输入接线

模拟量输入模块可以采集标准电流和电压信号，每个模拟量通道都有 2 个接线端。模拟量电流根据模拟量仪表或设备线缆个数分成四线制、三线制、二线制 3 种类型，不同类型的信号其接线方式不同。

① 四线制信号是指模拟量仪表或设备上信号线和电源线加起来有 4 根线，仪表或设备有单独的供电电源，除了 2 根电源线还有 2 根信号线。

② 三线制信号是指仪表或设备上信号线和电源线加起来有 3 根线，负信号线与供电电源 M 线为公共线。

③ 二线制信号是指仪表或设备上信号线和电源线加起来只有 2 个接线端子。

（2）模拟量输出接线

模拟量输出模块可以输出标准电流和电压信号。

（3）与模拟量有关的主要参数

① 积分时间：通过设置积分时间可以抑制指定频率的干扰。

② 通道地址：在模拟量"I/O 地址"中设置首地址。

③ 测量类型：本体上的模拟量输入只能测量电压信号，所以选项为灰，不可设置。

④ 滤波：模拟值滤波可用于减缓测量值变化，提供稳定的模拟信号。模拟通过设置滤波等级（无、弱、中、强）计算模拟量平均值来实现平滑化。

⑤ 启动溢出诊断：如果激活"启动溢出诊断"，则发生溢出时，会生成诊断事件。

2. 运算指令

运算指令包括基本数学运算指令、浮点数函数运算指令和逻辑运算指令。

（1）基本数学运算指令包括加、减、乘、除，另外，还有余数指令（MOD）、取反指令（INV）、加 1 指令（INC）、减 1 指令（DEC）、求最大值指令（MAX）、求最小值指令（MIN）、绝对值指令（ABS）和参数范围内指令（LIMIT）。

（2）逻辑运算指令包括与、或和异或指令；取反、编码与解码指令；选择和多路复用指令。

六、练习与思考

（一）判断题

1. 所谓调速是用人为的方法改变异步电动机的转速。（ ）

2. 时间累加器的启动输入端 IN 由"1"变"0"时定时器复位。（ ）

3. 在工程实践中，常把输出映像寄存器称为输出继电器。（ ）

4. 定时器的寻址依赖所用指令，带位操作数的指令存取位值，带字操作数的指令存取当前值。（ ）

5. CPU 将数字量输入模拟量输出模块，转换为模拟量。（ ）

6. 用户选择的滤波等级越高，滤波后的模拟量越不稳定，但测量的快速性越好。（ ）

7. PLC 有与、或、非三种逻辑运算。（ ）

8. 利用多个定时器串联可以实现较长时间的延时。（ ）

9. 模拟量电流根据模拟量仪表或设备线缆个数分成四线制、三线制、二线制 3 种类型。（ ）

10. 模拟值滤波不能用于减缓测量值变化，提供稳定的模拟信号。（ ）

（二）选择题

1. 在把模拟量转换为数字量的过程中，由于模拟量的变化而造成的误差称为（   ）。

A. 孔径误差   B. 量化误差

C. 偏移误差   D. 非线性误差

2. 在扫描输入阶段,PLC 将所有输入端的状态送到(　　)保存。

A. 输出映像寄存器　　　　　　　　　　B. 变量寄存器

C. 内部寄存器　　　　　　　　　　　　D. 输入映像寄存器

3. 下列不属于 PLC 的模拟量控制的是(　　)。

A. 温度　　　　　　B. 液位　　　　　　C. 压力　　　　　　D. 灯亮灭

4. 通信能力是指 PLC 与 PLC,PLC 与计算机之间的(　　)能力。

A. 数据交换　　　　　　　　　　　　　B. 数据运算

C. 数据传送　　　　　　　　　　　　　D. 数据传送及交换

5. 热继电器在电路中做电动机的(　　)保护。

A. 短路　　　　　　B. 过载　　　　　　C. 过流　　　　　　D. 过压

6. 步进电机方向控制依靠(　　)信号。

A. 开关量　　　　　　B. 模拟量　　　　　C. 继电器换向　　　D. 接触器

7. PLC 程序中,手动程序和自动程序需要(　　)。

A. 自锁　　　　　　　　　　　　　　　B. 互锁

C. 保持　　　　　　　　　　　　　　　D. 联动

8. 通过设置(　　)可以抑制指定频率的干扰。

A. 通道地址　　　　　　　　　　　　　B. 测量类型

C. 滤波　　　　　　　　　　　　　　　D. 积分时间

9. PLC 的输出方式为晶体管型时,适用于(　　)负载。

A. 感性　　　　　　B. 交流　　　　　　C. 直流　　　　　　D. 交直流

10. (　　)的作用是将物理测量信号或普通电信号转换为标准电信号输出或能够以通信协议方式输出的设备。

A. 熔断器　　　　　　B. 接触器　　　　　C. 变送器　　　　　D. 调节阀

(三)填空题

1. 定时器和计数器除了当前值之外,还有一位状态位,状态位在当前值＿＿＿＿＿＿预置值时为 ON。

2. 通常把内部存储器又称为＿＿＿＿＿＿继电器。

3. 定时器定时时间长短取决于＿＿＿＿＿＿。

4. 定时器的线圈上电时开始计时,定时时间到达设定值时其常开触点闭合,一般的定时器都是＿＿＿＿＿＿型定时器。

5. ＿＿＿＿＿＿不是 PLC 的停机指令,仅说明程序执行一个扫描周期结束。

(四)思考题

1. 什么是多重背景数据块? 简述它的优点。

2. 简述 HMI 的组态过程。

项目八   # 自动售货机模拟模块

一、项目目标

1. 学习 PLC 简单逻辑控制。
2. 学习数码管控制。

二、项目任务

1. 项目任务背景

自动售货机的出现是劳动密集型产业构造向技术密集型社会转变的产物。大量生产、消费以及消费模式和销售环境的变化,要求出现新的流通渠道。超市、百货购物中心等新的流通渠道的产生,导致人工费也不断上升,再加上场地的局限性等因素的制约,无人自动售货机便应运而生了。自动售货机的发展就是通过科学技术的提升来解决人们因工作、生活方式改变产生的需求,如今,自动售货机产业正在走向信息化并进一步实现合理化。无人自助的服务模式在不同领域和不同行业的应用,催生了智能化和规模化的经营模式。新技术的发展、新资本的流入,都将为该行业带来新的生机与活力,助力行业升级,自动售货机行业也应该不断创新,满足消费者的多元化需求,适应市场的不断变化,成为一个时代及相应群体的生活标志。

思政小课堂

创新精神

创新精神是指勇于突破传统、创造新思想与新事物的精神品质。它以敢于摒弃旧事物、旧思想,建立新理念、新方法为核心特征,同时必须以遵循客观规律为前提。只有当创新精神符合客观需要和客观规律时,才能顺利地转化为创新成果,成为促进自然和社会发展的动力。创新精神提倡新颖、独特,同时又要受到一定的道德观、价值观、审美观的制约。本项目通过自动售货机系统设计,强调对学生创新意识的培养,让学生在实践中激发自己的创新能力。

2. 项目任务所需设备

本项目中的自动售货机模拟模块包括 2 个七段码、7 个指示灯、9 个按钮,由亚克力板、牛角头、指示灯、按钮、数码管、电路板等组成,自动售货机模拟模块如图 8-1 所示。

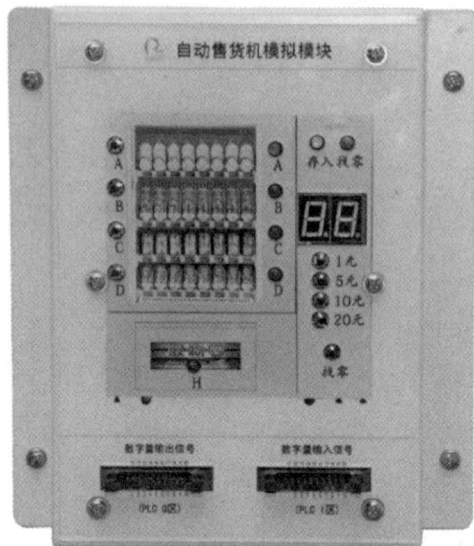

图 8-1　自动售货机模拟模块

3. 项目任务描述

本项目主要任务是设计一个自动售货机模拟模块,模拟实现自动售货机对货物信息的存取、硬币处理、余额计算和显示等操作,具备可以模拟出售 4 种不同金额商品的功能,功能要求如下。

【微信扫码】
自动售货机模拟
模块任务描述

设定 A 饮品为 1 元、B 饮品为 5 元、C 饮品为 10 元、D 饮品为 20 元,默认 A、B、C、D 饮品都有货(灯亮)、自动售货机处于存入金额状态。按下 1 元、5 元、10 元、20 元按钮,两位数码管显示存入金额。按下 A、B、C、D 按钮,如果金额充足则出货后 H 灯亮,同时数码管显示实际金额,按下找零按钮,数码管中显示余额并闪烁 2 s 后清零。

三、项目实施

(一) 解决方案一

1. 建立 FB 块

建立自动售货机模拟功能块,如图 8-2 所示。

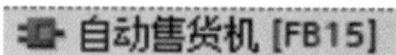

图 8-2　建立 FB 块

2. 定义背景变量

根据模块设计要求,定义 PLC 变量,如图 8 - 3 所示。

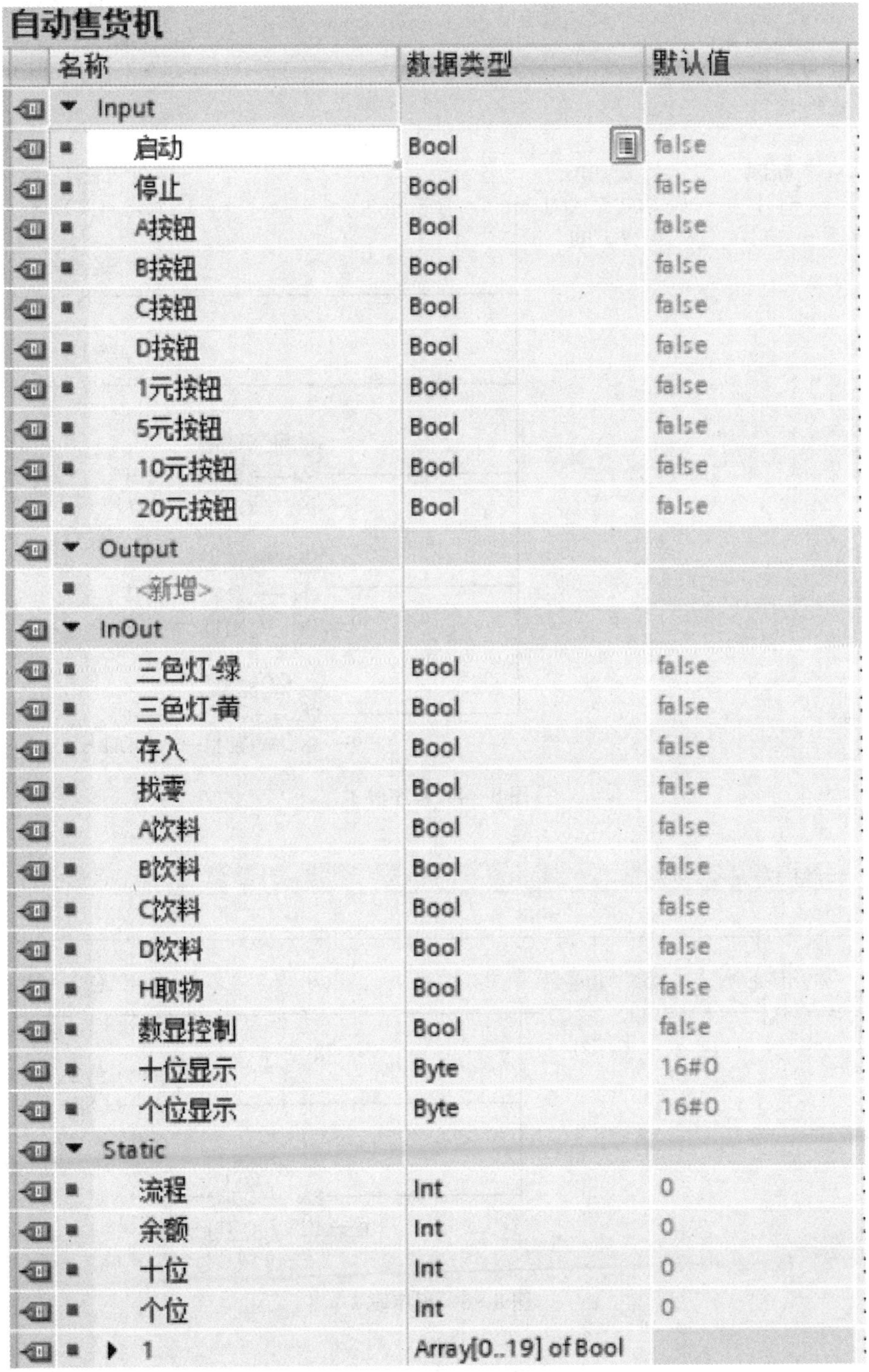

	名称	数据类型	默认值
	自动售货机		
	▼ Input		
■	启动	Bool	false
■	停止	Bool	false
■	A按钮	Bool	false
■	B按钮	Bool	false
■	C按钮	Bool	false
■	D按钮	Bool	false
■	1元按钮	Bool	false
■	5元按钮	Bool	false
■	10元按钮	Bool	false
■	20元按钮	Bool	false
	▼ Output		
■	<新增>		
	▼ InOut		
■	三色灯·绿	Bool	false
■	三色灯·黄	Bool	false
■	存入	Bool	false
■	找零	Bool	false
■	A饮料	Bool	false
■	B饮料	Bool	false
■	C饮料	Bool	false
■	D饮料	Bool	false
■	H取物	Bool	false
■	数显控制	Bool	false
■	十位显示	Byte	16#0
■	个位显示	Byte	16#0
	▼ Static		
■	流程	Int	0
■	余额	Int	0
■	十位	Int	0
■	个位	Int	0
■ ▶	1	Array[0..19] of Bool	

图 8 - 3　定义背景变量

3. 程序段

自动售货机模拟模块的梯形图，如图 8-4 至图 8-13 所示。

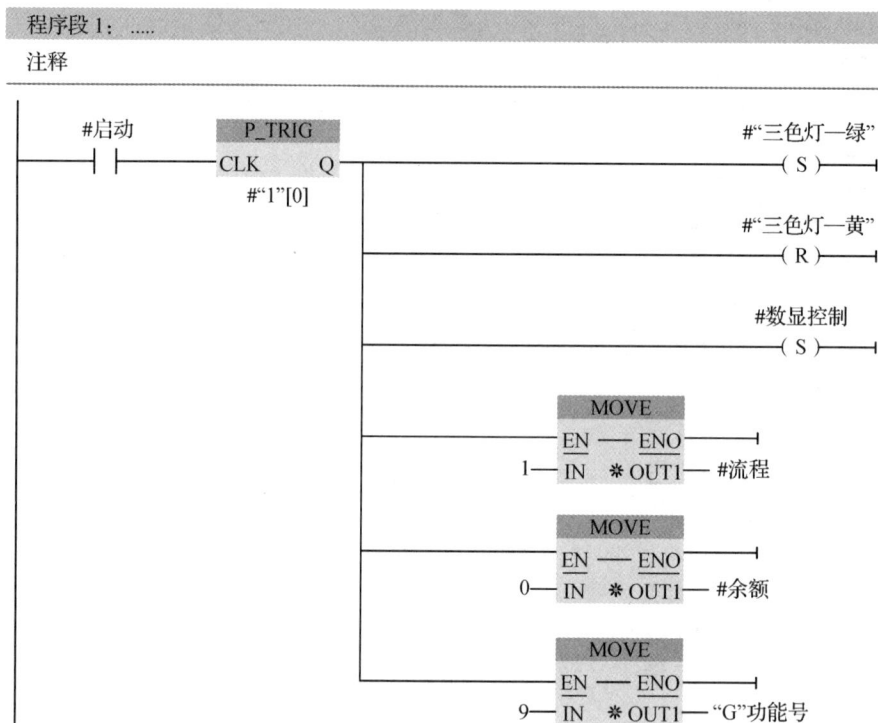

图 8-4　程序段 1

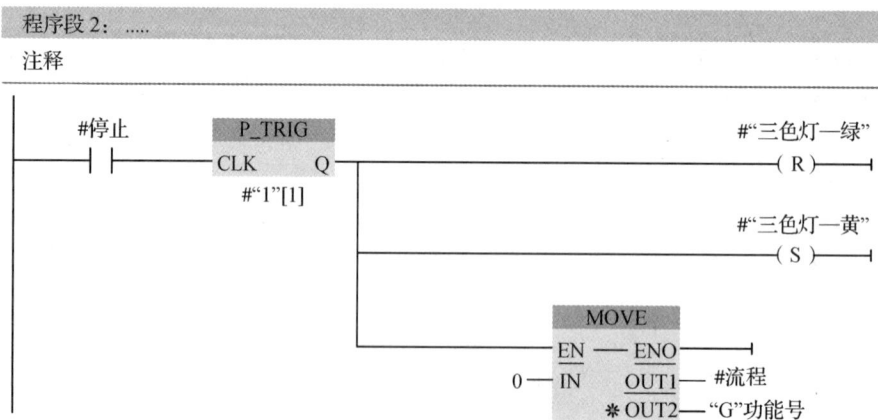

图 8-5　程序段 2

程序段3：.....

注释

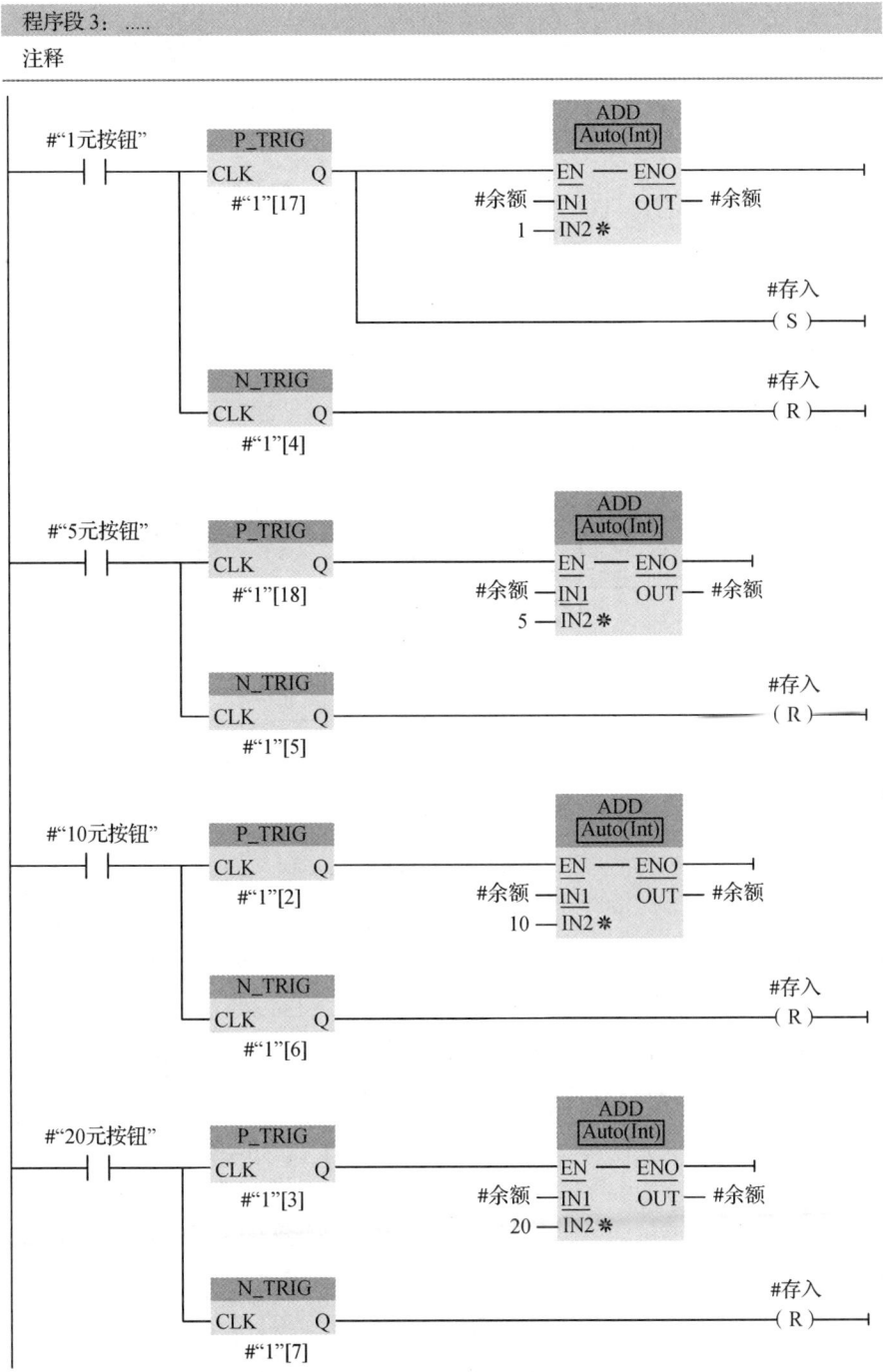

图8-6　程序段3

程序段 4: .....

注释

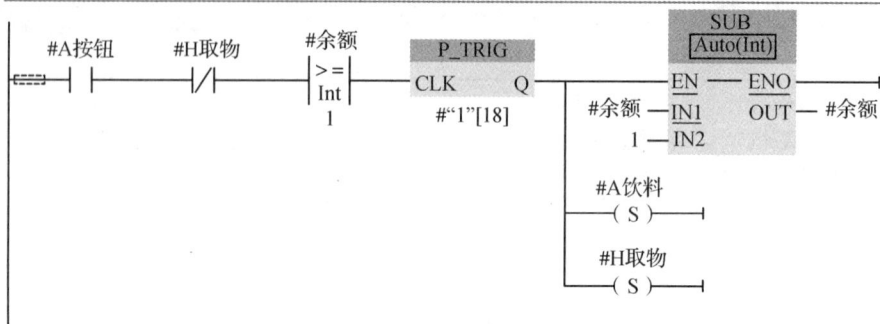

图 8-7　程序段 4

程序段 5: .....

注释

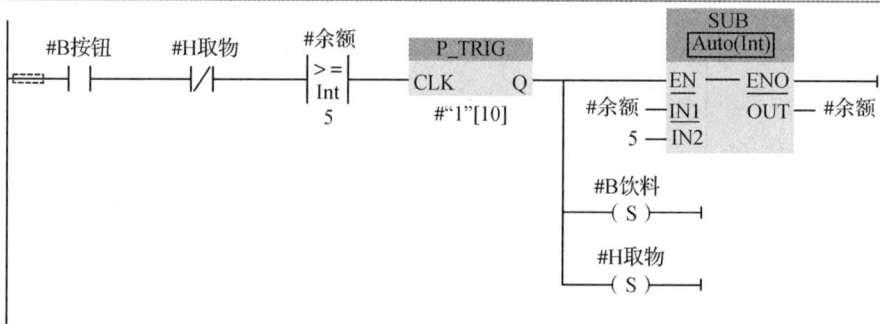

图 8-8　程序段 5

程序段 6: .....

注释

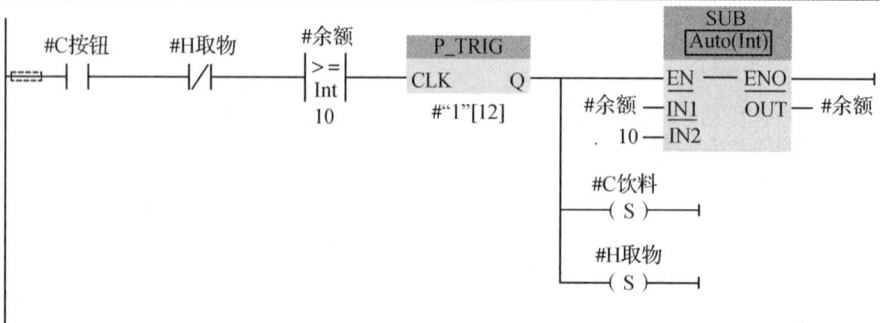

图 8-9　程序段 6

程序段7: .....

注释

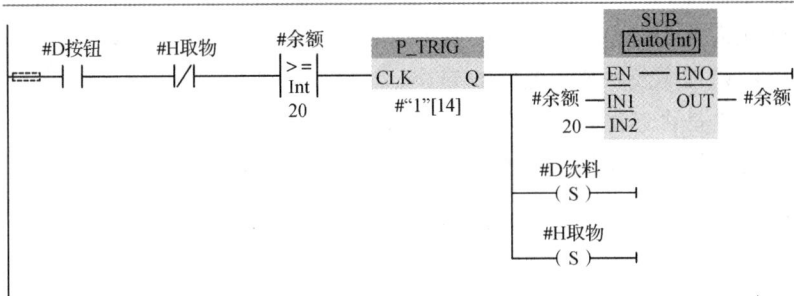

图 8-10 程序段 7

程序段8: .....

注释

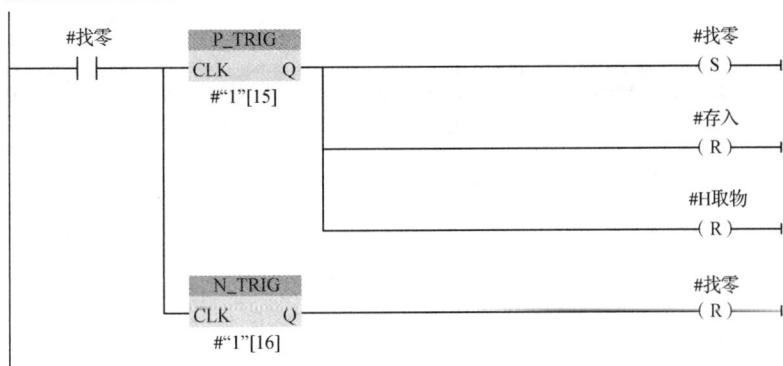

图 8-11 程序段 8

程序段9: .....

注释

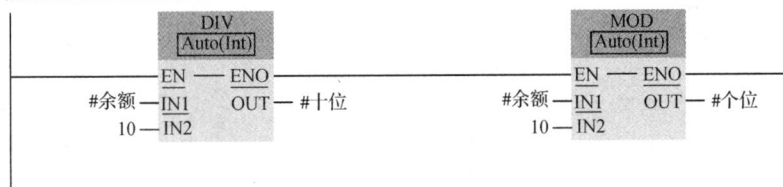

图 8-12 程序段 9

程序段10: .....

注释

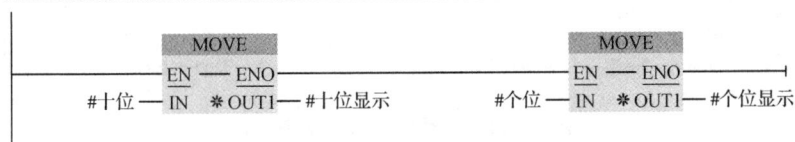

图 8-13 程序段 10

4. 项目注意事项

(1) 创建触摸屏,添加相应的按钮及指示灯,并做好链接。
(2) 检查编译程序及触摸屏是否有错误。
(3) 检查硬件是否连接好,若连接好,下载触摸屏及程序并运行。
(4) 在运行过程中如发现问题及时改正,实现控制要求后写实验报告。

(二) 解决方案二

1. 新建 PLC 变量表

在项目树的 PLC 变量中添加新表量表——自动售货机,将变量分配给相应的 I/O 地址,并新建数据块 DB1 中间变量,如图 8-14 和图 8-15 所示。

自动售货机模拟模块 ▸ PLC_1 [CPU 1214C DC/DC/DC] ▸ PLC变量 ▸ 自动售货机 [26]

自动售货机

	名称	数据类型	地址	保持	从 H...	从 H...	在 H...
1	A按钮	Bool	%I0.3	☐	☑	☑	☑
2	B按钮	Bool	%I0.4	☐	☑	☑	☑
3	C按钮	Bool	%I0.5	☐	☑	☑	☑
4	D按钮	Bool	%I0.6	☐	☑	☑	☑
5	1元	Bool	%I0.7	☐	☑	☑	☑
6	5元	Bool	%I1.0	☐	☑	☑	☑
7	10元	Bool	%I1.1	☐	☑	☑	☑
8	20元	Bool	%I1.2	☐	☑	☑	☑
9	找零按钮	Bool	%I2.0	☐	☑	☑	☑
10	启动	Bool	%I1.3	☐	☑	☑	☑
11	停止	Bool	%I1.4	☐	☑	☑	☑
12	个位3位	Bool	%Q0.0	☐	☑	☑	☑
13	个位2位	Bool	%Q0.1	☐	☑	☑	☑
14	个位1位	Bool	%Q0.2	☐	☑	☑	☑
15	个位0位	Bool	%Q0.3	☐	☑	☑	☑
16	十位3位	Bool	%Q0.4	☐	☑	☑	☑
17	十位2位	Bool	%Q0.5	☐	☑	☑	☑
18	十位1位	Bool	%Q0.6	☐	☑	☑	☑
19	十位0位	Bool	%Q0.7	☐	☑	☑	☑
20	找零	Bool	%Q1.0	☐	☑	☑	☑
21	存入	Bool	%Q1.1	☐	☑	☑	☑
22	A饮料	Bool	%Q2.0	☐	☑	☑	☑
23	B饮料	Bool	%Q2.1	☐	☑	☑	☑
24	C饮料	Bool	%Q2.2	☐	☑	☑	☑
25	D饮料	Bool	%Q2.3	☐	☑	☑	☑
26	H取物	Bool	%Q2.4	☐	☑	☑	☑
27	<新增>			☐	☑	☑	☑

图 8-14　自动售货机变量表(1)

图 8 - 15　自动售货机变量表(2)

2. 程序设计

(1) 将地址 I1.3 分配给启动按钮,初始状态 A、B、C、D 饮品都有货(灯亮)。I1.4 分配给停止按钮,如图 8 - 16 程序段 1 和图 8 - 17 程序段 2 所示。

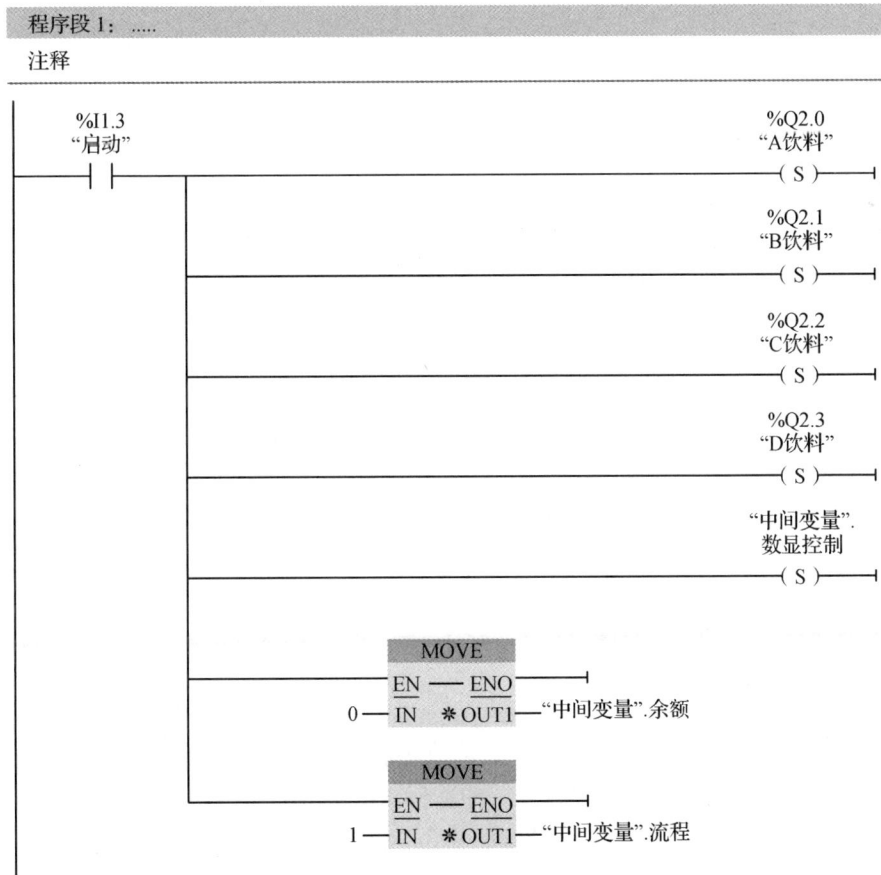

图 8 - 16　程序段 1

程序段 2: .....

注释

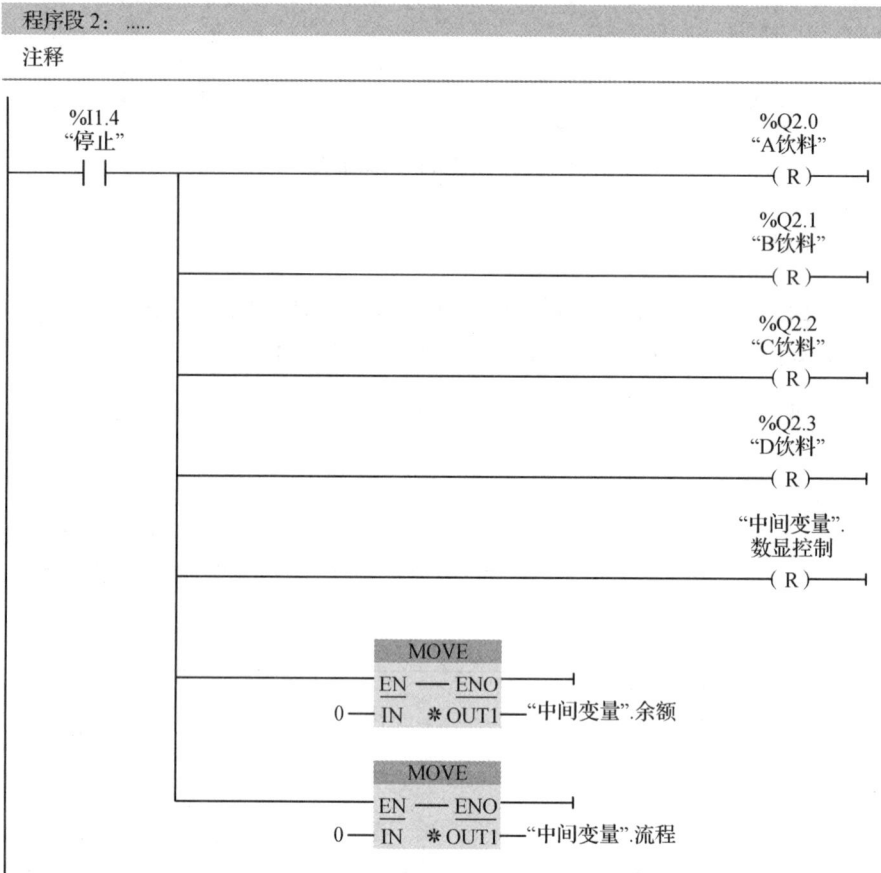

图 8 – 17　程序段 2

（2）按下 1 元、5 元、10 元、20 元按钮两位数码管显示存入金额，如图 8-18 程序段 3 和图 8-19 程序段 4 所示。

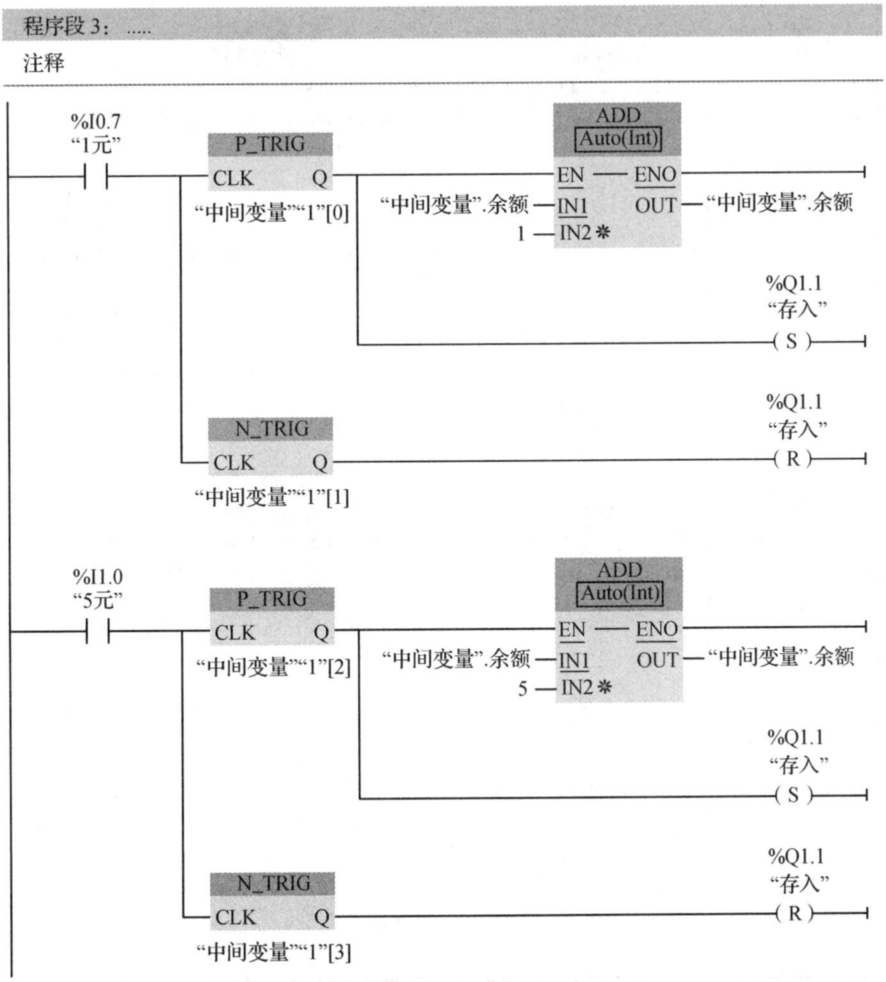

程序段3：……

注释

图 8-18　程序段 3

程序段 4：……

注释

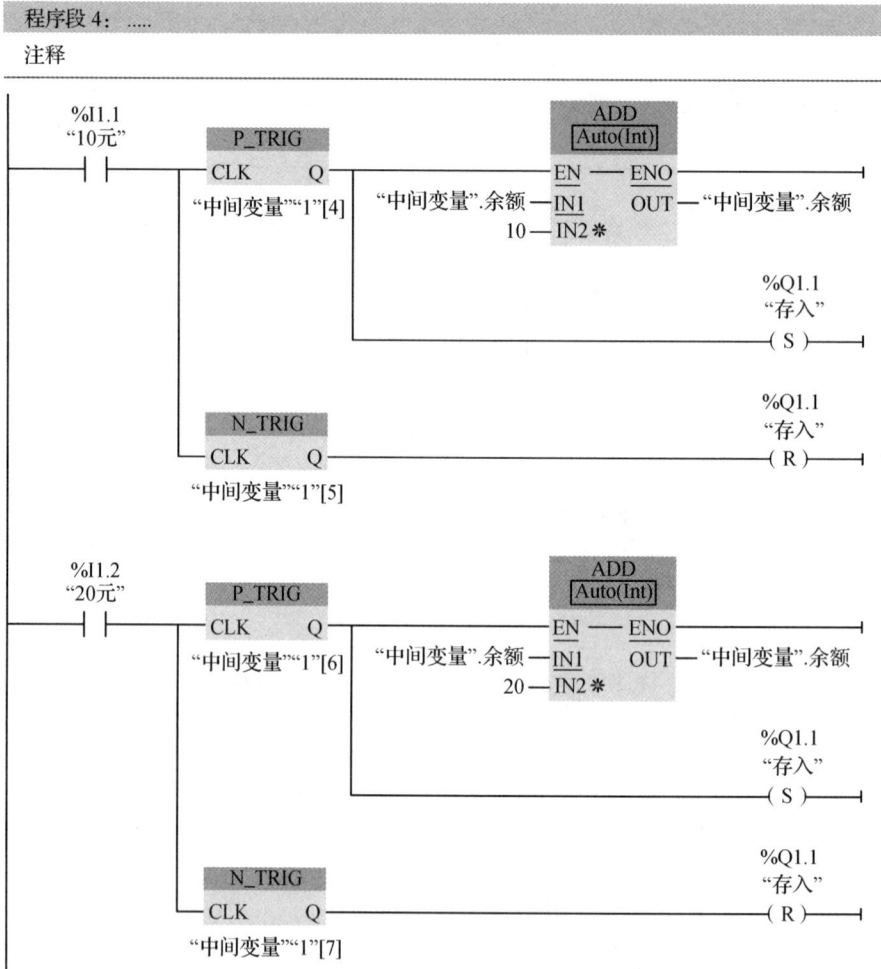

图 8－19　程序段 4

（3）按下 A、B、C、D 按钮，如果金额充足则出货后 H 灯亮，同时数码管显示实际金额，如图 8－20 程序段 5 和图 8－21 程序段 6 所示。

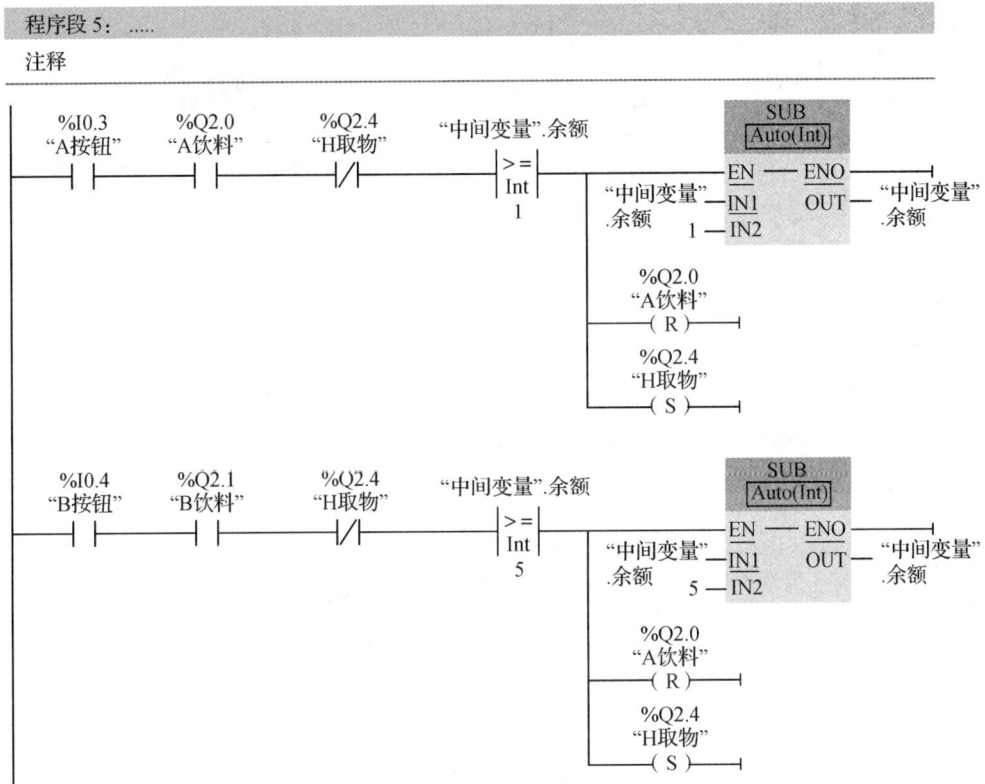

图 8－20　程序段 5

程序段 6：.....
注释

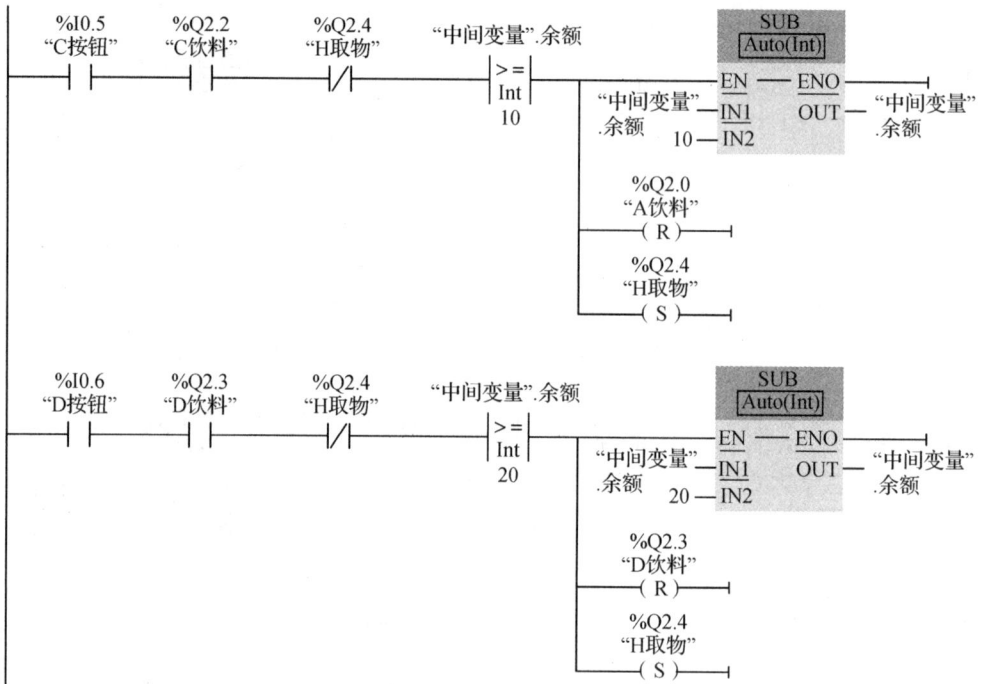

图 8 - 21　程序段 6

（4）按下找零按钮，数码管中显示余额清零，A、B、C、D 饮品都有货（灯亮），如图 8 -
22 程序段 7 所示。

程序段 7：.....

注释

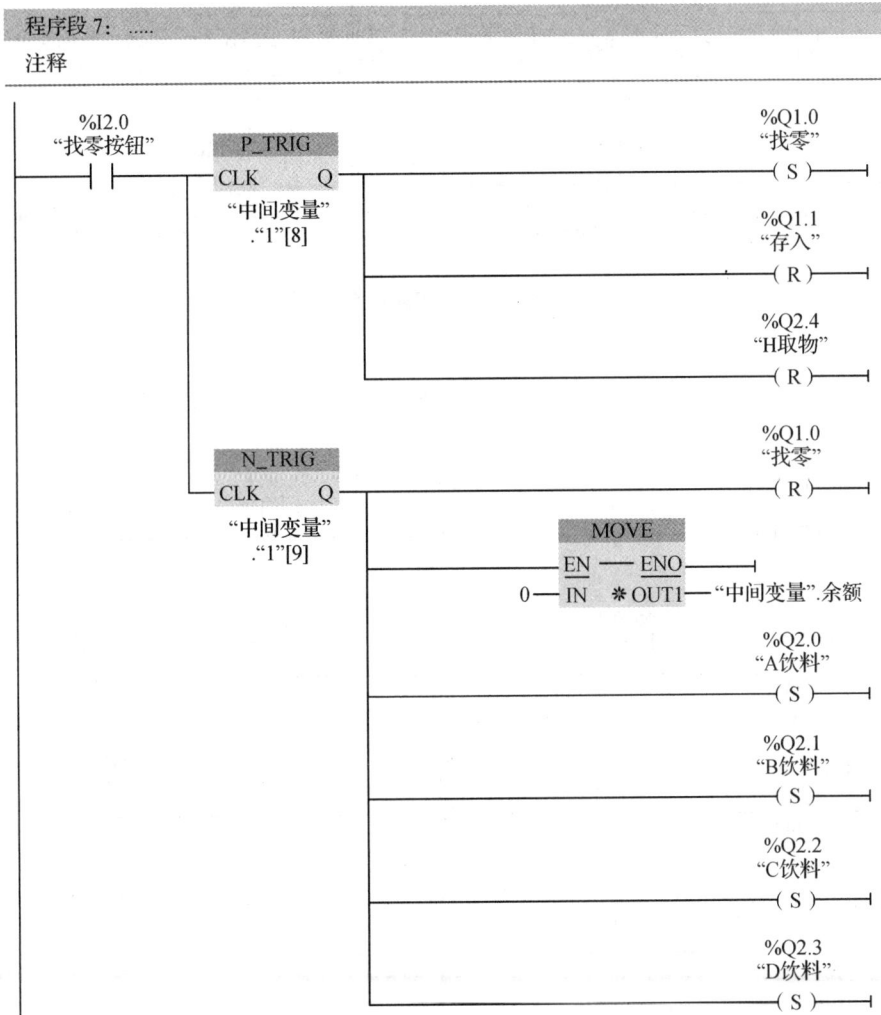

图 8 - 22 程序段 7

（5）在数码管上显示余额，如图 8-23 程序段 8、图 8-24 和图 8-25 程序段 9、图 8-26 和图 8-27 程序段 10 所示。

程序段 8：.....

注释

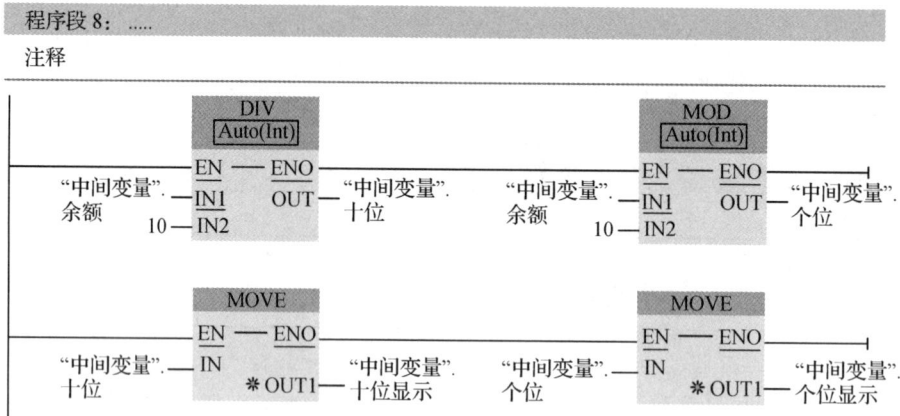

图 8-23　程序段 8

程序段 9：.....

注释

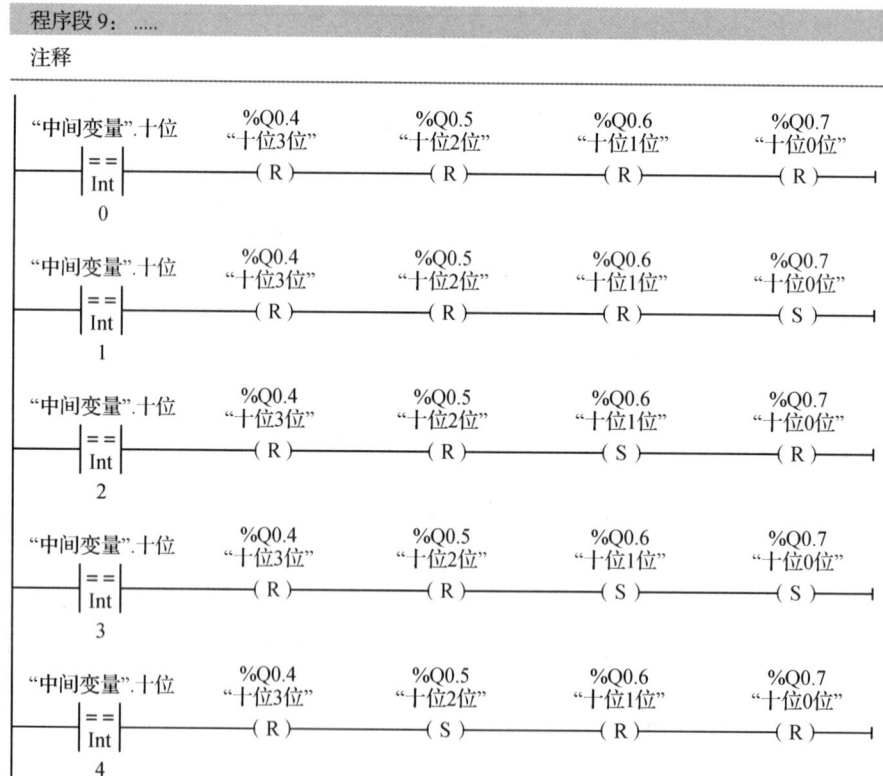

图 8-24　程序段 9(1)

"中间变量".十位	%Q0.4 "十位3位"	%Q0.5 "十位2位"	%Q0.6 "十位1位"	%Q0.7 "十位0位"
== Int 5	(R)	(S)	(R)	(S)
== Int 6	(R)	(S)	(S)	(R)
== Int 7	(R)	(S)	(S)	(S)
== Int 8	(S)	(R)	(R)	(R)
== Int 9	(S)	(R)	(R)	(S)

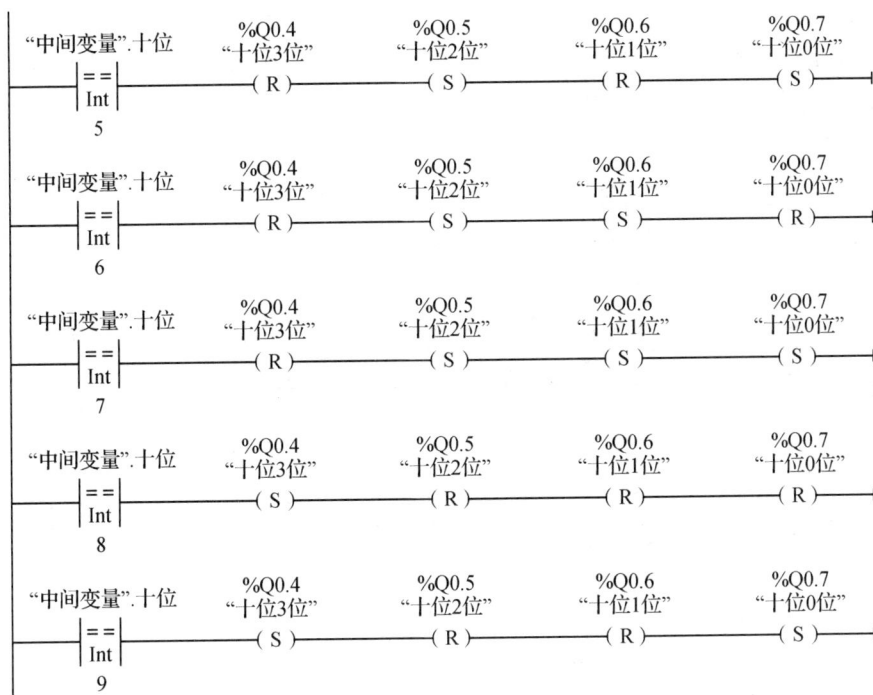

图 8-25　程序段 9(2)

程序段 10：......

注释

"中间变量".个位	%Q0.0 "个位3位"	%Q0.1 "个位2位"	%Q0.0 "个位3位"	%Q0.3 "个位0位"
== Int 0	(R)	(R)	(R)	(R)
== Int 1	(R)	(R)	(R)	(S)
== Int 2	(R)	(R)	(S)	(R)
== Int 3	(R)	(R)	(S)	(S)
== Int 4	(R)	(S)	(R)	(R)

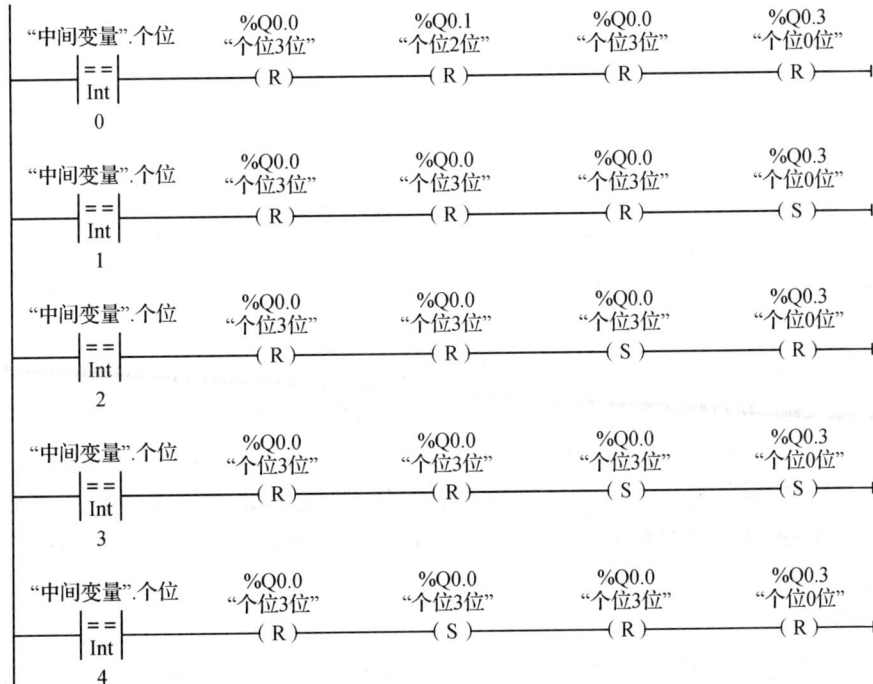

图 8-26　程序段 10(1)

"中间变量".个位　　%Q0.0　　　　%Q0.0　　　　%Q0.0　　　　%Q0.3
　==　　　　"个位3位"　　　"个位3位"　　　"个位3位"　　　"个位0位"
　Int　　　　　（R）　　　　　（S）　　　　　（R）　　　　　（S）
　5

"中间变量".个位　　%Q0.0　　　　%Q0.0　　　　%Q0.0　　　　%Q0.3
　==　　　　"个位3位"　　　"个位3位"　　　"个位3位"　　　"个位0位"
　Int　　　　　（R）　　　　　（S）　　　　　（S）　　　　　（R）
　6

"中间变量".个位　　%Q0.0　　　　%Q0.0　　　　%Q0.0　　　　%Q0.3
　==　　　　"个位3位"　　　"个位3位"　　　"个位3位"　　　"个位0位"
　Int　　　　　（R）　　　　　（S）　　　　　（S）　　　　　（S）
　7

"中间变量".个位　　%Q0.0　　　　%Q0.0　　　　%Q0.0　　　　%Q0.3
　==　　　　"个位3位"　　　"个位3位"　　　"个位3位"　　　"个位0位"
　Int　　　　　（S）　　　　　（R）　　　　　（R）　　　　　（R）
　8

"中间变量".个位　　%Q0.0　　　　%Q0.0　　　　%Q0.2　　　　%Q0.3
　==　　　　"个位3位"　　　"个位3位"　　　"个位1位"　　　"个位0位"
　Int　　　　　（S）　　　　　（R）　　　　　（R）　　　　　（S）
　9

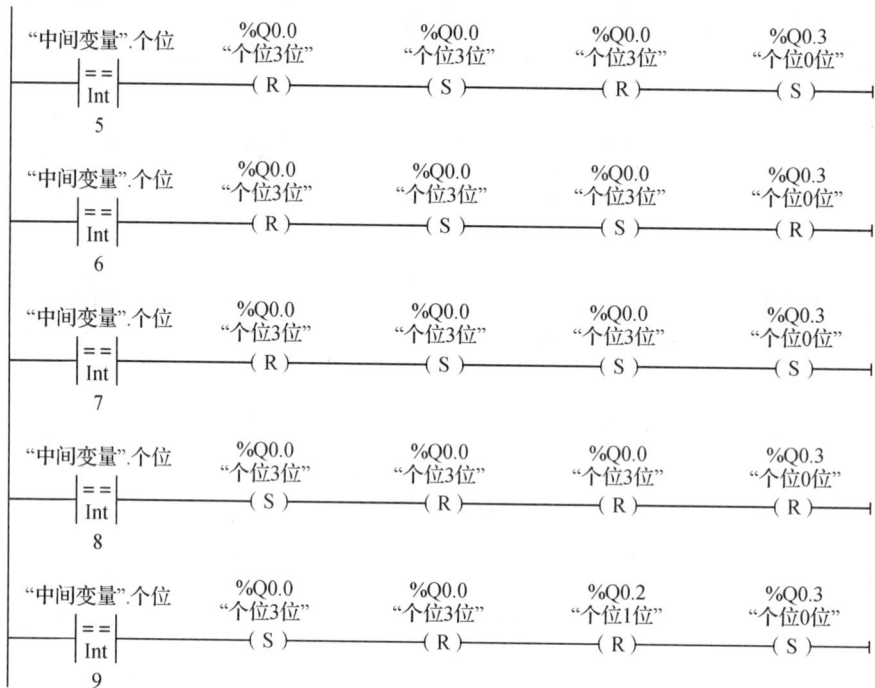

图 8 - 27　程序段 10(2)

四、项目拓展

【微信扫码】
自动售货机
模拟模块拓展

1. 开环和闭环控制

（1）开环和闭环控制的概念

① 开环控制是指无反馈信息的系统控制方式。当操作者启动系统,使之进入运行状态后,系统将操作者的指令一次性输向受控对象。此后,操作者对受控对象的变化便不能作进一步的控制。采用开环控制设计的人机系统,操作指令的设计十分重要,一旦出错,将产生无法挽回的损失。

② 闭环控制是指控制论的一个基本概念。指作为被控的输出以一定方式返回到作为控制的输入端,并对输入端施加控制影响的一种控制关系。它是一种带有反馈信息的系统控制方式。当操作者启动系统后,通过系统运行将控制信息输向受控对象,并将受控对象的状态信息反馈到输入中,以修正操作过程,使系统的输出符合预期要求。闭环控制是一种比较灵活、工作绩效较高的控制方式,工业生产中的多数控制方式采用闭环控制的设计。

（2）特点

① 开环控制:结构简单、调整方便、成本低;给定一个输出,有相应的一个输出;在系统方框图中,作用信号是单方向传递的,形成开环;输出不影响输入;若系统有外界扰动

时,系统输出量不可能有准确的数值,即开环控制精度不高,或抗干扰能力差。

②闭环控制:控制作用不是直接来自给定输入,而是系统的偏差信号,由偏差产生对系统被控量的控制;系统被控量的反馈信息又反过来影响系统的偏差信号,即影响控制作用的大小,这种自成循环的控制作用,使信息的传递路径形成了一个闭合的环路,称为闭环;提高了控制精度。

(3)开环和闭环控制的区别:有无反馈;是否对当前控制起作用。

小知识

开环和闭环控制的应用

含有闭环控制系统的机器包括家用电冰箱、空调、电饭煲、洗衣机;而含有开环控制系统的机器包括普通车床、抽水马桶、多速电风扇、调光台灯、高楼水箱。其主要判定方法还是要从闭环控制和开环控制的定义来着手。

2. 触摸屏

触摸屏面板,一般称为触摸屏。触摸屏是人机界面的发展方向,用户可以在触摸屏的屏幕上生成满足自己要求的触摸式按键,触摸屏使用直观方便、易于操作。画面上的按钮和指示灯可以取代相应的硬件元件,减少 PLC 需要的 I/O 点数,降低系统的成本,提高设备的性能和附加价值。

五、知识库

1. 电器元件说明

(1)光电开关是通过光强度的变化来实现控制。光电开关一般情况下由三部分构成,分别是发送器、接收器和检测电路,目前使用最多的是红外线光电开关。在设计中使用光电开关时,为了检测投入硬币的数目,可选用普通的红外线光电开关。

(2)电磁阀是利用电磁线圈通电后产生的磁场来实现动作的,因此电磁阀只有开、关两个位置,即常闭(不同点时关闭状态)和常开(不同点时打开状态)。由于开启时间少于关闭时间,所以选用常闭型电磁阀。

2. 高级指令

高级指令包括数据传输、运算、比较、转换、位操作和特殊功能等指令。

(1)数据传输指令包括单字、双字、bit、digit 位、块传送或复制,以及数据在寄存器之间交换等功能的指令。

(2)二进制算术运算指令可对 16 位或 32 位数据进行加、减、乘、除运算,十进制算术运算指令可对 4 位或 8 位 BCD 码进行加、减、乘、除运算。

（3）高级指令中有多种数据比较指令，比较结果由比较标志继电器表示。只有一组比较标志继电器，当程序中使用多个数据比较指令时，比较标志继电器的状态总取决于刚运行过的比较指令。

（4）数据转换指令包括各种数制、码制之间的相互转换及数据求反、求补、取绝对值、编码、译码、组合、分离等具有数据转换功能的指令。运用这些指令可以在程序中较好地解决 PLC 输入和输出数据类型与内部运算数据类型不一致的问题。

（5）位操作指令包括位设置、位清除、位求反、位操作和位计算等指令，运用位操作指令可以对寄存器中数据的任何一位进行控制和运算。

六、练习与思考

（一）判断题

1. MOV 指令用于将源操作数的数据传输到目标操作数。（　　）

2. CMP 指令执行后，PLC 会自动改变目标操作数的值。（　　）

3. 位操作指令（如 SET、RST）可以单独对某个位进行置位或复位。（　　）

4. 触摸屏通过 RS485 通信与 PLC 连接时，无需设置通信协议。（　　）

5. DIV 指令执行除法运算时，余数会被自动丢弃。（　　）

6. 特殊功能指令（如 PID）通常需要用户自行编写算法。（　　）

7. 触摸屏的变量地址必须与 PLC 的 I/O 地址完全一致。（　　）

8. 位右移指令（SHR）将数据的高位向低位移动。（　　）

9. 触摸屏的组态软件可以离线模拟运行。（　　）

10. PLC 的特殊继电器 SM0.0 在运行时始终为 ON。（　　）

（二）选择题

1. 下列指令中，用于 32 位数据传送的是（　　）。

A. MOVW   B. MOVB

C. MOV_DW   D. MOV_DINT

2. 触摸屏与 PLC 通信时，常用的物理接口不包括（　　）。

A. RS232   B. Ethernet   C. RS485   D. USB

3. 位操作指令"SET Y0"的功能是（　　）。

A. 复位 Y0   B. 置位 Y0   C. 取反 Y0   D. 读取 Y0

4. 特殊功能指令"PID"的作用是（　　）。

A. 数据转换   B. 高速计数   C. 闭环控制   D. 通信协议

5. 触摸屏的"HMI"含义是（　　）。

A. 人机界面   B. 高速模块   C. 主机接口   D. 数据总线

6. 下列指令中，属于逻辑运算的是（　　）。

A. MOV   B. ADD   C. CMP   D. AND

7. 执行"ROL D0 K2"后,D0 中的数据会( )。

A. 右移 2 位   B. 循环左移 2 位   C. 清零   D. 取反

8. 下列寄存器中,属于特殊功能寄存器的是( )。

A. SM0.1   B. D100   C. M0   D. Y10

9. 触摸屏的"事件记录"功能通常用于( )。

A. 修改 PLC 程序   B. 调整通信速率

C. 存储用户程序   D. 保存报警信息

10. 位操作指令"RST M0"的功能是( )。

A. 复位 M0   B. 置位 M0   C. 读取 M0   D. 取反 M0

(三)填空题

1. 执行"MOV K50 D0"后,D0 的值为_____。

2. 位右移指令"SHR"的操作数中,K4 表示移动_____位。

3. 特殊功能指令"ENCO"的功能是_____。

4. 触摸屏的"画面切换"功能需通过_____触发。

5. 触摸屏组态时,_____需与 PLC 的通信设置一致。

(四)思考题

1. 在触摸屏上监控 PLC 的 I0.0 状态,需要在 HMI 组态中如何设置变量?

2. 若要在触摸屏上显示"电机过载"报警(触发条件为 M1.5),简述组态步骤。

参考文献

［1］廖常初. S7－1200PLC 编程及应用［M］.4 版.北京:机械工业出版社,2021.

［2］廖常初. S7－1200/1500PLC 应用技术［M］.2 版.北京:机械工业出版社,2021.

［3］芮庆忠. 西门子 S7－1200PLC 编程及应用［M］.北京:电子工业出版社,2020.

［4］汤立刚,胡国珍,胡学明. 西门子 S7－1200PLC 与 TIA 博途软件编程一本通［M］.北京:化学工业出版社,2022.

［5］向晓汉,李润海. 西门子 S7－1200/1500PLC 学习手册［M］.北京:化学工业出版社,2018.

［6］刘华波等. 西门子 S7－1200PLC 编程与应用［M］.2 版.北京:机械工业出版社,2020.

［7］马玲. S7－1200PLC 电气控制技术［M］.北京:机械工业出版社,2021.

［8］廖常初. 西门子人机界面(触摸屏)组态与应用技术［M］.4 版.北京:机械工业出版社,2025.

【微信扫码】
参考答案